养颜美容花草茶

主编　吴国志

编写　李淳朴　徐丽华　张永年　杨春明　张　庆
李　瑞　陈　芳　齐海英　刘明明　翟晓斐
李　洁　王　鹏　张　媛　王　超　于　红
任晓红　薛翠玲　郭红霞　王艳辉　陈方莹
张慧丽　宋　刚　何玉花　王金丽　陈生学

时代出版传媒股份有限公司
安徽科学技术出版社

图书在版编目(CIP)数据

养颜美容花草茶/吴国志主编. —合肥:安徽科学技术出版社,2015.7(2025.6 重印)
ISBN 978-7-5337-6402-9

Ⅰ.①养… Ⅱ.①吴… Ⅲ.①女性-保健-茶谱
Ⅳ.①TS272.5

中国版本图书馆 CIP 数据核字(2014)第 194293 号

养颜美容花草茶 主编 吴国志

出 版 人:王筱文 选题策划:吴 玲 责任编辑:吴 玲
责任印制:梁东兵 封面设计:冯 劲
出版发行:安徽科学技术出版社 http://www.ahstp.net
(合肥市政务文化新区翡翠路 1118 号出版传媒广场,邮编:230071)
电话:(0551)63533330
印 制:河北晔盛亚印刷有限公司 电话:15811513201
(如发现印装质量问题,影响阅读,请与印刷厂商联系调换)

开本:710×1010 1/16 印张:12 字数:160 千
版次:2015 年 7 月第 1 版 2025 年 6 月第 2 次印刷

ISBN 978-7-5337-6402-9 定价:80.00 元

前言

冲泡一壶花草茶，看轻盈的花瓣随着水的注入而翻滚起舞，清澈的茶水渐渐变幻出缤纷的颜色，袅袅香气随之溢出，芳香扑鼻。细细品上一口，能让你瞬间有一种与大自然亲密接触的感觉……

在西方的古老年代，人们就已发现了花草茶的价值。它本是以药草为原料配制而成的一种饮料，其中一些药草可供保健、美容、烹调所用。然而，当时的医疗水平并不发达，药草作为民间重要的医药配方，人们更注重它的药效。直到18世纪末，它作为休闲饮品的价值才逐渐被人们应用到生活中，并开始在法国发展为一种饮用时尚。其天然的口感迅速得到了众多人士的青睐。

在崇尚绿色环保的今天，花草茶已成为人们“贴近自然、享受健康”的天然茶品。它选用天然草本，不含咖啡因或茶碱，给人们带来纯净自然的生活方式。相对于众多饮料来说，花草茶体现的是典雅、高贵，以及浪漫气息。

一杯暖暖的花草茶，不仅是视觉和味觉的双重享受，还有意想不到的美容养颜功效。养颜瘦身和养生保健是永恒的话题，也有多种多样的方法供大家选择，但喝茶绝对是最简单、方便、实用的方式之一。花草茶品种繁多、口味丰富、形态优美、茶色艳丽，选对适合自己的花草茶饮，无论在家还是在办公室，不用费太多时间，轻轻松松就能喝出美丽和健康。

《养颜美容花草茶》一书将向您介绍什么是花草茶，如何挑选、储存花草茶，花草茶的功效，并从润肤养颜、消脂纤体、防治妇科病痛、调养日常不适、调理脏腑、四季饮茶六大方面，一一讲解，让您全面认识花草茶，并成为饮用花草茶的高手。本书精选百种茶饮，总有一款适合您，每道茶饮都配有精美彩图，详细说明泡茶、饮茶的步骤，还附有暖心小贴士，给女性朋友全方位的饮用指导。图文对应，简单易学，真正做到让您随用随查。

相信花草茶能带给你清新、纯净的生活方式，使每一位女性都美得健康、美得自然。

目录

第一章 花草茶——时尚自然的健康养生茶饮

花草茶的种类千差万别，功效各异。正确地挑选品质优良的花草茶是饮茶的关键步骤，而饮用适合自己体质的花草茶是养颜美容、祛除病痛的根本。此外，正确储存和冲泡花草茶，可以将花草茶的功效更好地发挥出来，起到事半功倍的效果。

第二章 润肤养颜，娇嫩容颜喝出来

轻轻地饮一口馨香四溢的玫瑰花茶，当它的香气一点一点沁入心田时，疲惫的肌肤也会慢慢苏醒，释放出无限活力。与花草茶做伴，想要拥有剔透如玉的容颜、富有弹力的肌肤、明亮迷人双眸的愿望都将成为现实。

第三章
消脂纤体，展现女性完美曲线

花香袭人、清新爽口的花草茶不仅是女性朋友美容养颜的天然“圣品”，更是每一个对美情有独钟的人梦寐以求的绝佳“伴侣”，让你在不知不觉中成为塑身达人，成为美的标杆。用一杯茶的时间，享受一整天的好心情；将自己塑造成最美的女人。

第四章
防治妇科病痛，轻松做美丽女人

健康才是永葆青春与活力的源泉，若要成为一个精致的女人，一定要学会在工作与生活中找到平衡点，这样才能活得漂亮。从现在开始，每天品一杯味道香美的花草茶，将那些扰人的妇科病痛彻底消除，做个轻松、快乐的时尚丽人。

第五章
调养日常不适，享受健康生活

好的花草茶不仅是爱美女性养颜护肤、修身塑形的绝佳饮品，更是健身强体的“灵丹妙药”。还可帮您增强身体的免疫力、泻火除烦，消除疲劳与不适，还您一天的好心情。

第六章
缓解办公室病，赶走亚健康

办公室工作的上班族，呼吸不到新鲜空气，运动量又少，还要每天面对辐射较强的办公仪器，对身体有着较大的伤害。想要拥有健康的身体，对抗亚健康，只要每天给自己泡一杯有针对性的花草茶，就能精神百倍地迎接挑战！

第七章
调理脏腑，益气补血气色好

健康的身体是人进行正常的生理和心理活动的资本，在养生、强身时，将心、脾、胃、肝等脏腑调理好，是消除身体病痛与不适的根本所在。许多花草茶有疏肝利胆、暖胃养胃、补气益血的作用，要想拥有好气色，只需每天饮用一杯花草茶。

第八章
顺应四季喝茶，季节变化不再怕

随着季节变化，人体的内部环境也会随之变化，稍不注意，便会引发疾病。如此，不仅影响工作和生活，还会让人烦躁、易怒。饮用适合自己体质的花草茶，能助你清热解毒、焕发精神、暖胃、御寒等，是一年四季与你相伴的最佳饮品。

附录：女性养生常见花草、药材、水果

第一章

花草茶——时尚自然的健康养生茶饮

花草茶的种类千差万别，功效各异。
正确地挑选品质优良的花草茶是饮茶的关键步骤，
而饮用适合自己体质的花草茶是养颜美容、祛除病痛的根本。
此外，正确储存和冲泡花草茶，
可以将花草茶的功效更好地发挥出来，
起到事半功倍的效果。

花草茶的功效

花草茶是一种从欧洲传过来的不含茶叶成分的香草类饮品。它与一般的茶叶不同，主要由植物的根、茎、叶、枝、花、果实、种子、皮等部分构成。花草植物的不同部分具有不同的作用，例如荷叶可以清凉降火、去除油脂，有助于减肥；雪莲花具有活血、补中气、增强体质的作用；苹果肉可以开胃、解暑养颜美容。因此，人们会根据需要，将植物的整株或部分加以研磨、干燥，最后通过煎煮或冲泡后饮用。由于制成花草茶的草本植物本身具有的香味、刺激性，以及其中含有多种微量元素，所以在调理脾胃、清肺养肝、美容护肤、美体瘦身、保健养生等方面功效显著。

从中医的角度讲，花草茶性微凉、味甘，入肺、肾经，有平肝、润肺养颜的功效。但因花草茶的种类成千上万，用途也是千变万化。日常生活中，我们随处可见看似很不起眼的普通花草，很可能就具备神奇的美容、减肥、治伤寒的功效。

对于那些爱美的女性而言，养颜护肤、美体瘦身是生活中最重要的课题。此时，具有养颜、美白肌肤作用的苦瓜，舒经活血、温养心肝的玫瑰花，能够消除黄褐斑，使皮肤白

嫩、红润的红巧梅都可以使你容颜焕发、光彩照人。而经常饮用可以有效分解脂肪的柠檬果与能够舒缓紧张、调整激素分泌、润肠的茉莉花茶，可以帮助你实现瘦身、减肥，保持曼妙身材的愿望。此外，牡丹、柠檬草、荷叶、苹果花、雪梅花等对调节气血、排毒养颜也相当有效。

现代社会，人们的工作压力越来越大，各种亚健康问题层出不穷，具有舒缓压力、增加运动细胞、去油脂作用的橘橙便成为许多上班族的最佳饮品。而飞燕草可以通微细血管、增强记忆力、帮助睡眠，经常熬夜、失眠的人群可以适当饮用；眼睛是心灵窗户，但是随着电子产品的日益普及，我们的双眼承受了巨大的压力，要缓解眼部疲劳，使你的双眸更加明亮、迷人，具有明目、消除眼睛疲劳作用的波斯太阳菊、罗马甘菊、欧洲甘菊、向日葵是那些长期对着电脑的人群必备的饮品。

此外，对于那些饱受病痛折磨的人，经常饮用花草茶同样起到减轻疼痛、治疗疾病的效果。如霸王花可以治疗慢性肠炎、气管方面的疾病，具有健肠胃、治疗胃溃疡、淋巴结肿大的作用；月季花可以活血、养肝，治疗跌打损伤、减轻筋骨酸痛；而款冬花在止咳、治疗气喘、减轻骨头酸痛方面效果十分明显。

所以，根据自身情况选择花草茶，一定能为你的美丽和健康加分。

如何挑选花草茶

花草茶虽然是女性美容养颜首选，但并非每一种花草都适合饮用。有些用于观赏的花草，为了防虫害，极可能喷洒农药。另外，如果种植的土壤中有重金属污染，对健康也是极其有害的。所以，为了确保喝到健康的茶饮，正确选购花草茶是非常重要的。

花草茶分为散装茶和品牌茶两类，散装花草茶最好到信誉较好的花草茶专卖店或商场内的花草茶专柜购买；品牌花草茶通常可以在较大的超市买到，但目前国内的花草茶品牌较少。

选购花草茶时，要重点注意以下几个方面：

1.了解花草茶的功效。由于花草茶种类繁多，在购买前可以咨询销售人员，了解各种花草茶的风味和功效，选择最适合自己的那一种。

2.观察花草茶的色泽。优质的花草茶虽然经过干燥，但仍保持着植物原来的色泽，叶类或草类的颜色会略发黄，呈黄中带绿的颜色。如果花草茶颜色灰暗或辨不出色彩，就说明已经变质或受潮，不要购买。

3.看花草茶的形态。优质的花草茶形态十分完整，是一朵朵完整的干花或一片片完整的叶子。如果花草茶掉了许多花瓣或有许多碎渣，则可能是运输过程中积压造成的。碎的花草茶虽然对香气和口感没有太大影响，但冲泡时的观赏性会大打折扣。

4.闻花草茶香味。新鲜的花草茶有天然花草的香气，如果味道不自然，就有可能是添加了人工香料。在购买前，最好先了解花草的原有味道，以免买到人工调味的花草茶。

5.试喝花草茶。优质的花草茶喝起来甘醇顺口，略带甘甜，在试喝时，最好不要加入糖或蜂蜜等，以免喝不出原本的味道。

6.注意制造日期和有效期限。花草运送过程及上架需要花费一段时间，因此在选购时要注意有效期限。花草茶的保存及饮用期限，以6～8个月最佳，购买前应该仔细查看包装上的制造日期和有效期限。而且一次购买量不要太多，3个月内饮用完的量即可。

找到适合自己体质的花草茶

随着人们对花草茶的了解越来越多，它们在生活中的用途也得到了广泛普及。而花草茶中含有的矿物质、类黄酮、芳香油类、苦味素等营养成分对一些常见疾病也具有神奇的疗效，如芳香油具有明目、醒脑的功效；类黄酮对心血管起到保护的作用；而苦味素有抗菌、消炎的效果。

花草茶的种类繁多、功效也各不相同。一般可用于食用的花草可分为性温、性寒、性平三类，不用类别的花草同样具有减肥、美容的功效，但对不同体质的人而言，如果没有“对症下药”，不但不能达到瘦身的效果，反而会加重肠胃负担，引发其他疾病。

中医认为，人的体质通常可分为四种：热性体质、寒性体质、实性体质与虚性体质，其中虚性体质又包括阳虚和阴虚。由于人的体质不同，所以在选取花草茶时就要“因人而异”“对质选茶”。

热性体质的人主要表现为全身经常干热、总想喝水又容易口干舌

燥，脾气暴躁，总是莫名地心烦气躁，即使是在寒冷冬季也总喜欢吃冰凉的食物或饮料，胃里有一股寒气会令他们觉得非常舒畅。这种体质的人群比较适合饮用性寒的花草茶，如苦茶、薄荷、仙草、奇异果、西洋参等，可以起到润肠、散热、清毒的作用，缓解便秘或小便偏黄的症状。而含有桂圆、肉桂这类比较温热、辛辣刺激的饮品，最好远离，否则会更容易面色通红、心烦气躁。

寒性体质的人通常会觉得身体虚弱、容易疲劳，怕冷、怕寒，即使在酷暑的夏季也经常手脚冰凉。寒性体质的女性脸色比常人要苍白一些，月经不规律、多血块，舌苔的颜色较淡。属于这类体质的人群应该饮用当归、人参、山楂、杏仁等温热性的茶饮，而不适合苦瓜、苦茶、仙草等性寒的草本植物。

实性体质与热性体质的人群有相似之处，这类体质的人身体结实、强壮，活动量比较大，但是常有便秘、尿量少、小便偏黄的现象。又因为常常受失眠的困扰，所以很容易愤怒、暴躁，腹胀、呼吸气粗、口干口臭也比较常见。此时，适量饮用属寒性的仙草、梨子、橘皮可以有效清除肺火，但应避免饮用松子、桂圆等温热的茶类。

阳虚体质与寒虚体质类似，男性多表现为嗜睡乏力、少气懒言、容易遗精；女性主要表现为白带清稀、小便频繁、性欲低下。这类人群比较适合人参、肉桂、冬虫夏草等温热型茶饮，而不适合金银花、白茅根、苦茶等偏寒的花草茶。

阴虚的症状与实虚基本相同，这类人群多阴血不足、皮肤干燥无光泽，容易出虚汗和手足发热。西洋参、百合等茶材可以起到补阴的作用，对缓解便秘、小便偏黄有很好的效果，而那些含有肉桂、丁香、茴香的饮品还是少喝为宜。

正确储存花草茶的方法

通常我们在市面上买回的干燥花草茶原料是被包装在密封性不好的玻璃纸袋内的，花草的色、香、味很容易改变，饮用后不仅不能起到预期的疗效，而且会影响人的身体健康。所以，为了防止花草茶受潮、走味，从而长久保存，我们应该采用正确的储存方法。

首先，储存花草茶应该使用密封性比较好的罐装器皿，如陶瓷罐。因为即使干燥的花草茶仍含有一定的水分，放在塑料袋内很容易发霉、变质。而放在干燥的密封罐内可以防潮、防虫，还避免了与外界空气的直接接触。

其次，要避免强光照射，放在阴凉、干燥的地方。花草茶如果长期受到阳光的照射很容易使香气流失，从而失去原有的功效。而放在阴凉的地方如冰箱中，可以防止因高温、潮湿造成发霉，但需要注意的是，将花草茶放入冰箱之前，一定要密封好，否则很容易与其他食物的气味相混。

此外，在保存花草茶时，一定要分类保存，不同种类的花草茶放在一起会相互吸收香味，同种但不同日期购买的花草也必须区别储存，否则会加速芳香的流失。

最后，要注意花草茶的保存期限。通常来说，保存良好的花草茶可以保留1～2年，但是，因为存放的时间越久，花草的色泽、香气都会慢慢消退，它们的功效也会越来越差。所以，为了确保品质与疗效，最好在保存1年内就饮用，而对于那些未开封的花草茶可以适当地多保留一段时间。

饮用花草茶的禁忌

随着人们对保健、养颜、护肤重视程度的加深，花草茶也得到了更多人的青睐。花草茶中含有很多纯天然成分，许多人饮用后都受益匪浅。但是，世界上没有百利而无一害的事物，花草茶也不例外。我们在饮用时，一定要注意以下禁忌事项：

禁忌1　不分体质，胡乱饮用

人的体质不同，适用的花草茶饮品自然不能一概而论。很多热性体质的人因为好奇或其他原因，常会大量饮用含有肉桂、桂圆等具有温热性质的花草茶，轻者造成身体不适，重者危及生命安全。例如具有清热解毒功效的菊花茶是治疗热感冒的绝好药材，但是阳虚体质的人群大量饮用后，身体会更加虚弱。而金银花茶性偏寒，大多数人都不宜长期饮用，尤其是那些脾胃虚寒，处在生理期的女性。

禁忌2　“有病乱投医”

饮用胖大海可以缓解因风热邪毒引发的声音嘶哑，但是老人的突然失声与脾虚或其他原因引起的声音嘶哑，喝胖大海是无效的。此外，枸杞子虽然温热身体的效果非常明显，但是高血压患者和喜爱大量食肉的人不宜饮用。

禁忌3　过度饮用

番泻叶对治疗便秘非常有效，但是长期饮用会对其产生依赖，用量越大效果越差，超过一定剂量还可能导致尿潴留和血压变化。女性在怀孕期、哺乳期或者月经期，都不宜饮用。决明子虽然在降血脂方面有很好的疗效，但是女性长期饮用会造成月经紊乱，重则导致子宫内膜出血，所以一定要慎用。

禁忌4　饮用隔夜花草茶

花草茶的功效主要来自植物的花、果、叶等部分，长时间冲泡的花草茶中的芳香油与类黄酮等营养元素大多已经流失。而隔夜的花草茶不仅不能起到美容、减肥的功效，反而会因为变质对身体造成不良影响。

禁忌5　“混搭”花草茶

花草茶的种类千差万别，每一种的功效也大不相同。因此会有很多人想当然地认为，将各种用途的花草茶“混搭”在一起，一定可以同时发挥效用。其实不然，中医研究表明，复合花草茶的搭配不宜超过3种，并且要根据花草本身的习性，尽量在中医师的指导下选用。有些身患疾病的人，更不能随意乱喝，切忌将花草茶当作药品饮用。

饮用花草茶的禁忌大致就有以上几个方面，大家在选用花草茶时切忌盲目使用。好的花草茶还需要正确的饮用方法，才能达到事半功倍的效果。

如何冲泡花草茶

在选取好原料优良的花草茶后，怎样才能更好地发挥出它的功效呢？正确的冲泡方法就是其中的关键。有些花草茶是由植物的根、茎组成的，质地比较坚硬，必须经过煎煮才能将味道释放出来，而我们通常饮用的花草茶主要是植物的花、叶，用热水冲泡即可。其实冲泡花草茶与茶叶有许多相通之处，花草的分量、开水的温度与剂量、冲泡的时间都要拿捏好，这样才能泡出一壶好的花草茶。

第一步　温壶

在正式冲泡花草茶之前，我们要先将煮沸的热水倒人茶壶或茶杯中，将其温热。因为如果在凉的茶壶中直接冲泡花草茶，这之间形成的巨大温差会影响花草原有的风味。茶壶被温热之后，将水倒出，然后根据花草茶的种类、大小，或者根据个人口味的轻重，在茶壶中放人适量

的花草茶，但是基本上，一个大约500毫升的茶壶，需放入2茶匙的花草茶。

第二步　冲泡

冲泡时要先放花草茶再倒水，这样才能使花草得到充分的浸泡，完全释放出香味，此时水温在90～95℃即可。若是茶包则正好相反，要先倒入开水再放茶包，因为茶包内的花草原料本身就很细碎，突然用开水冲刷很容易使有效成分流失。若是需要煎煮的花草茶，要先将水煮开，再放入花草茶，这样可以避免因煮太久而破坏了花草的风味。

第三步　闷茶

倒完热水后，立刻盖上壶盖。闷茶和煮茶的时间一般为3～5分钟，而冲泡茶包的时间1分钟即可。为了避免浓度过大，闷好的花草茶要立刻全部倒出，之后就可以好好地享受鲜美的花草茶了。

在冲泡时，如果想要复合味的花草茶，一次冲泡尽量不要超过3种，放得太多、太杂，既会影响色泽又不利于口感。当日冲泡好的花草茶尽量不要隔夜再喝，即使是放入冰箱冷藏，它的色、香、味也会变差。此外，每种花草茶冲泡2次效果最佳，不宜次数太多。

第二章

润肤养颜，
娇嫩容颜喝出来

轻轻地饮一口馨香四溢的玫瑰花茶，
当它的香气一点一点沁入心田时，
疲惫的肌肤也会慢慢苏醒，释放出无限活力。
与花草茶做伴，
想要拥有剔透如玉的容颜、富有弹力的肌肤、
明亮迷人双眸的愿望都将成为现实。

美白滋养
——洋甘菊芦荟茶

因为内分泌的失调、不规律的饮食习惯和环境的严重污染，我们的肌肤逐渐变得暗黄、没有光彩。脸部的黑斑、黄褐斑、痤疮等的出现已经警示我们肌肤问题正在日益严重。为了使肌肤更加白皙、透亮，可以经常饮用含有洋甘菊、芦荟、玫瑰花、枸杞子的花草茶。

洋甘菊芦荟茶

材料：新鲜洋甘菊10朵，新鲜芦荟叶1片，蜂蜜30毫升，冰块适量。

冲泡方法：将洗干净的洋甘菊用热水冲泡几分钟后，再次放入杯中，倒入100毫升的热水浸泡1分钟；将芦荟叶用小刀划开，将透明的叶肉切成小丁，放入盛有洋甘菊的杯中，搅拌均匀后，加入冰块即可饮服。

功效：洋甘菊具有排除体内毒素、缓解精神疲劳、美白肌肤的功效；而芦荟中含有丰富的维生素A、维生素E、维生素C和钾、锌等多种矿物质，具有收敛皮肤、保湿、消炎、漂白的功能，既可以为皮肤增加营养，又可以促进皮肤细胞的新陈代谢。

禁忌人群：因为芦荟性寒味苦，有利泻通便的功能，体质虚弱者、孕妇或经期女性禁用。

美容养颜花草知识

将新鲜的芦荟叶250克和1根黄瓜分别洗净后捣碎，放在纱布中取汁；然后将1个鸡蛋打碎放在碗中，取1匙芦荟汁和3匙黄瓜汁放在碗中搅匀，临睡前敷在脸上，保持40分钟后用温水洗净，每周2次，可以使肌肤白皙、有光泽。

白玫瑰茶

材料：白蔹6克，玫瑰花3朵，红枣5颗。

冲泡方法：将全部材料放在杯中，倒入适量的开水冲泡，加盖闷泡15分钟后即可饮服。

功效：消除面部黑斑、疙瘩，解毒散瘀，使肌肤更加白皙。

禁忌人群：热性体质的人禁用。

桂圆枸杞茶

材料：桂圆和枸杞子各5克，玫瑰花2朵。

冲泡方法：将桂圆剥皮后与枸杞子放在水杯中用沸水浸泡10分钟后，放入玫瑰花，加盖闷泡5分钟后即可饮服。

功效：调节内分泌，养血滋阴，养颜护肤。

禁忌人群：血热型体质的人禁用。

枸杞葡萄茶

材料：枸杞子6粒，葡萄干3克，牛奶100毫升，玫瑰花6朵。

冲泡方法：将枸杞子、葡萄干与玫瑰花放在杯中，倒入适量的沸水冲泡10分钟，之后取汁与牛奶调匀，代茶饮用即可。

功效：排除毒素，滋养肌肤，增强皮肤的弹性。

禁忌人群：糖尿病患者禁用。

淡化色斑

——柠檬薰衣草茶

色斑，是指和周围皮肤颜色不同的斑点，属皮肤疾病的一种。其多发于面颊和前额部位，多见于女性。色斑主要是由皮肤黑色素增加而形成的褐色斑点，包括雀斑、黑斑、黄褐斑、老年斑等。暴晒阳光、压力过大、使用劣质化妆品、遗传因素、妊娠，以及长期口服避孕药导致内分泌紊乱等，均会引发色斑。而柠檬、薰衣草、山楂、白菊花等均对色斑有良好的抑制作用，能达到淡化和去除色斑的目的。

柠檬薰衣草茶

材料：新鲜柠檬1～2片，薰衣草3克。

冲泡方法：将薰衣草用热水冲一下，沥干水分放入杯中；倒入开水，闷泡3分钟，再加入柠檬片闷泡2分钟，即可饮用。可根据个人口感加入蜂蜜调味。

功效：柠檬富含维生素C，以及钙、磷、铁等元素，可以白嫩肌肤，防止皮肤血管老化，消除面部色斑；薰衣草有消除疲劳、提神醒脑的作用，还能使人放松身心、改善睡眠。这款茶饮不仅能祛斑美白，还可舒缓压力，又具有减肥的功效。

禁忌人群：因为薰衣草有安神、通经的作用，因此不适合低血压者和孕妇饮用。

美容养颜花草知识

取柠檬30克研碎，加入硼砂末和白砂糖各15克，拌匀后装入瓶中封存，3日后取用，每天早晚取适量，温水冲调，每次涂抹于斑处保持3分钟，可使雀斑消退。但是，此种方法易引起过敏，所以敏感皮肤慎用。另外，将金盏花捣烂，取汁擦涂脸部，也可祛斑。

紫色甘菊茶

材料：薰衣草10克，洋甘菊15克。

冲泡方法：将两种材料各取3茶匙放入茶壶，加入开水冲泡3分钟即可饮用。可依个人口感放入适量的蜂蜜或冰糖调味。

功效：润泽肌肤、排毒、降肝火，能净化体质，达到祛斑效果。

禁忌人群：低血压、寒性体质者及孕妇不宜饮用。

白果菊花茶

材料：白果25克，白菊花3朵，雪梨3个，牛奶1袋。

冲泡方法：将白果去壳、去衣；白菊花洗净，取花瓣；雪梨洗净切粒。将材料放入锅内，加清水煲，煲至白果变软，加入牛奶煮至沸腾即可，放凉后饮用。

功效：美白、洁肤去斑，防止黑色素沉积。

禁忌人群：脾胃虚弱者及孕妇不宜饮用。

山楂橘皮茶

材料：山楂、橘皮各10克，玫瑰花5克。

冲泡方法：将以上3种材料各取2茶匙放入茶壶，加入开水冲泡3分钟，即可饮用。

功效：活血化瘀，促进消化，清除体内毒素。

去除黑眼圈

——洛神花绿茶

黑眼圈是由于人们经常熬夜、精神压力大、贫血或者情绪不稳定造成眼部过度疲劳，从而导致眼部血管血流速度过慢，血管中的二氧化碳等有毒物质沉积过多，形成慢性缺氧，进而在眼部形成色素沉积。而含有洛神花、绿茶的花草茶能有效消除疲倦，对皮肤粗糙、黑眼圈很有效果。

洛神花绿茶

材料：洛神花5克，绿茶4克。

冲泡方法：将洛神花与绿茶放在杯中，倒入500毫升的热水冲泡，加盖闷泡5分钟后即可饮用。

功效：洛神花性寒味酸，含有丰富的味酸、柠檬酸、维生素C等营养成分，可以起到解毒利水、清凉降火、缓解疲劳的功效；而绿茶中富含的茶多酚可以有效消除眼部黑色素、促进新陈代谢。

美容养颜花草知识

因为绿茶中含有丰富的鞣酸，具有消除水肿和去除黑眼圈的功效，所以将浸泡好的茶叶用布包好，冷水浸湿后敷在眼睑上，20分钟后揭开即可。此外，将用过的茶叶晒干后与富含芳香油、咖啡碱和茶碱的茉莉花搅匀，装入枕头中，有清热、降火、明目和消除黑眼圈的功效。

禁忌人群：因为绿茶有利尿通便的功效，腹泻患者或孕妇禁用。

金莲菊花茶

材料：金莲花5朵，菊花10朵，决明子5克，枸杞子3克。

冲泡方法：将全部材料放在保温杯中，倒入适量的沸水冲泡后，加盖闷泡10分钟后，代茶饮服。

功效：清热解毒，保护视力，促进眼部血液循环。

禁忌人群：胃寒的人禁用。

金银薰衣草茶

材料：金银花5克，薰衣草3克，甘草10克，蜂蜜适量。

冲泡方法：将金银花、薰衣草和甘草放在一起，用适量的开水冲泡后，加盖闷泡10分钟后，调入蜂蜜即可饮服。

功效：金银花、甘草具有清热解毒的功效；薰衣草具有缓解疲劳、滋养肌肤的作用，三者放在一起饮用，可以有效缓解眼部疲劳，消除黑眼圈。

禁忌人群：孕妇和腹泻患者禁用。

玫瑰绞股蓝茶

材料：玫瑰花8朵，洛神花2朵，绞股蓝2克，绿茶2克。

冲泡方法：将全部材料放在一起，倒入300毫升的沸水冲泡，加盖浸泡15分钟后即可温饮。

功效：抗辐射，消除黑色素。

禁忌人群：腹泻患者禁用。

肌肤保湿
——桂花玉蝴蝶茶

当你发现自己的皮肤发紧、洗澡过后全身发痒或个别部位干燥脱皮时，你的肌肤已经处于缺水的状态。而皮肤干燥的原因主要有气候变化、身体疲劳或睡眠不足等。此时，经常饮用一些用桂花、玉蝴蝶、玫瑰花、红枣等冲泡的花草茶，可以为你的肌肤及时补充水分并保持湿润。

桂花玉蝴蝶茶

材料：玉蝴蝶1匙，桂花5克。

冲泡方法：将玉蝴蝶与桂花放在保温杯中，倒入适量的开水冲泡，加盖闷泡5分钟后即可饮服。

功效：玉蝴蝶具有美白肌肤、促进新陈代谢、延缓细胞衰老的功效；而桂花具有养血益气、健脾暖胃、滋养肌肤的作用。两者放在一起服用，可以为肌肤补充水分，同时美白养颜。

禁忌人群：胃部灼热、疼痛的人禁用。

美容养颜 花草知识

取柠檬30克研碎，加入硼砂末和白砂糖各15克，拌匀后装入瓶中封存，3日后取用，每天早晚取适量，温水冲调，每次涂抹于斑处保持3分钟，可使雀斑消退；但是，此种方法易引起过敏，敏感皮肤慎用。另外，将金盏花捣烂，取汁擦涂脸部，也可祛斑。

玫瑰红枣茶

材料：玫瑰花15克，大枣3枚。

冲泡方法：首先将大枣洗干净后剥出核，然后与玫瑰花一起放入杯中，用适量的沸水冲泡，加盖闷泡10分钟后即可饮服。

功效：改善皮肤干燥、去除黑斑、滋养肌肤。

百合银耳茶

材料：百合5克，银耳8克。

冲泡方法：首先将银耳用清水洗干净，然后与干燥的百合花放在保温杯中，倒入适量的开水冲泡，加盖浸泡5分钟后代茶饮服。

功效：缓解身体疲劳，安神定志，补水养颜。

禁忌人群：体虚、胃寒者禁用。

莲子白萝卜茶

材料：莲子5粒，白萝卜1个。

冲泡方法：首先将白萝卜洗净后切成小块，与莲子放在煮锅中用适量的水煮沸，待微凉后取汁饮服。

功效：润肺补水，清热排毒，滋养肌肤。

禁忌人群：腹泻患者禁用。

去除皱纹
——薄荷玫瑰花茶

皱纹的产成是由于人的皮肤受到外界环境的影响，而形成破坏细胞膜组织内的胶原蛋白的游离自由基。通常皱纹会出现的前额、眼睑、口周、颈部等部位。而经常饮用含有薄荷、玫瑰花、紫罗兰、洋甘菊的花草茶，可以有效补充肌肤水分，消除皱纹。

薄荷玫瑰花茶

材料：新鲜薄荷2片，玫瑰花3朵，蜂蜜适量。

冲泡方法：将玫瑰花放在水杯中，用适量的热水浸泡10分钟后，加入薄荷，根据个人口味调人适量蜂蜜后即可凉饮，也可热饮。

功效：玫瑰花的味道甘甜、气味芬芳，含有丰富的维生素C，具有促进新陈代谢、收敛肌肤、消除色斑的作用；而薄荷可以起到提神醒脑、促进血液循环、为肌肤补充水分的功效。

禁忌人群：薄荷性寒，孕妇和体寒的人慎用。

美容养颜花草知识

将薰衣草与玫瑰花各5克，与2片柠檬、6克玉美人放在一起，用适量的开水冲泡后，加盖闷泡5分钟后饮服，可以有效去除色斑、减少皱纹、紧致肌肤。此外，藏红花也可以为肌肤补充水分和营养、有效淡化细纹、消除色斑。

紫罗兰洋甘菊茶

材料：紫罗兰5克、洋甘菊3克，薰衣草4克。

冲泡方法：将全部材料放在一起，倒入适量的开水冲泡，加盖闷泡5分钟后即可饮服。

功效：排毒养颜，紧致肌肤，补血益气，消除雀斑。

禁忌人群：脾胃虚寒的人禁用。

玫瑰迷迭香茶

材料：玫瑰花6朵，迷迭香5克。

冲泡方法：将玫瑰花与迷迭香放在一起，用适量的开水冲泡，加盖闷泡10分钟后即可饮服。

功效：玫瑰花有消除雀斑、除皱的功效；而迷迭香可以起到缓解脑部疲劳、减少皱纹、去除斑纹的功效。

雪中情花茶

材料：雪中情10克。

冲泡方法：将雪中情用适量开水冲泡后，加盖闷泡3分钟后即可饮服。

功效：雪中情又称雪绒花，具有美白肌肤、抗衰老、除皱、促进新陈代谢和增加细胞活力的功效。

禁忌人群：体寒、阴虚的人慎用。

延缓衰老
——勿忘我抗衰茶

当组成细胞的化学物质因为受到内外环境的影响而发生损伤时，就会造成细胞的功能下降，进而衰老，这是机体生理功能下降和紊乱的表现。而经常饮用含有勿忘我、当归、芝麻的花草茶可以延缓细胞衰老，使人保持青春。

勿忘我抗衰老茶

材料：勿忘我适量，绿茶1匙，蜂蜜少许。

冲泡方法：将勿忘我与绿茶放在一起，倒入适量的开水冲泡，调入蜂蜜后加盖浸泡3分钟，待勿忘我入味后即可饮服。

功效：勿忘我中含有丰富的维生素C，可以有效消除黑斑、减缓皱纹、排出体内毒素、补血养血、抗炎杀菌、促进人体新陈代谢和延缓衰老的功效。

禁忌人群：腹泻和糖尿病患者禁用。

美容养颜花草知识

何首乌中富含的卵磷脂是组成细胞膜的重要物质，可以增加细胞活力，促进新陈代谢，延缓细胞衰老，起到益寿延年、保持青春的功效。将5克何首乌与适量的红枣放在杯中，用适量的开水浸泡10分钟后饮服，可以起到补血养气、促进细胞再生的功效。

洛神蜂蜜茶

材料：洛神花6朵，红巧梅10朵，蜂蜜适量。

冲泡方法：将洛神花与红巧梅放在一起，用适量的沸水冲泡后，调入蜂蜜，加盖闷泡5分钟后即可饮服。

功效：护肤消斑，养颜调经，延缓衰老，调节内分泌紊乱导致的暗疮、色斑等症状。

禁忌人群：体寒和肠胃不适的人禁用。

薰衣草茶

材料：薰衣草5克，蜂蜜适量。

冲泡方法：将薰衣草放在杯中，倒入300毫升的开水冲泡5分钟，加入蜂蜜后搅匀，代茶饮服即可。

功效：缓解精神疲劳，安神定志，抗衰老，滋养肌肤。

禁忌人群：糖尿病和肝硬化患者禁用。

芝麻红糖茶

材料：芝麻5克，绿茶1克，红糖25克。

冲泡方法：首先将芝麻炒熟后研磨成碎末，然后与绿茶、红糖放在一起，用适量的沸水冲泡5分钟后，即可饮服。

功效：滋养肝肾，延缓衰老，调节内分泌。

禁忌人群：糖尿病患者禁用。

消除痤疮
——千日红茉莉花茶

痤疮又称青春痘，是一种慢性的毛囊皮脂腺疾病，与性激素水平和皮脂腺大量分泌有关。痤疮多发于青春期的男性和女性，主要在面颊、额部、鼻唇、背部等部位，伴有炎症和疼痛。此外，精神压力过大、作息不规律也很可能长出痤疮，经常饮用含有七日红、茉莉花、玫瑰花、桃花等的花草茶，可以起到清热排毒、消除痤疮的功效。

千日红茉莉花茶

材料：千日红6克，茉莉花6朵。

冲泡方法：将千日红与茉莉花放在水杯中，倒入适量的开水冲泡，加盖浸泡5分钟后即可饮服。

功效：千日红中含有人体所需的氨基酸、维生素C和多种微量元素，具有清肝明目、清热排毒的作用；茉莉花性寒味甘，具有消肿解毒、增强免疫力、排出体内毒素的功效。

禁忌人群：因为千日红与茉莉花均性温，热性体质的人慎用。

美容养颜 花草知识

将适量的桃花与5克百合花和3片柠檬片放在保温杯中，用适量的开水冲泡后，加盖闷泡5分钟后饮服，可以起到清火除痘、抗炎消菌、滋养肌肤的功效，夏日饮用非常适宜。此外，金银花具有清热、解毒、润肺、补血养血的作用，泡茶饮服，可以有效消除痤疮。

柠檬桃花茶

材料：柠檬5克，桃花5朵。

冲泡方法：将柠檬片与桃花放在一起，用500毫升的开水冲泡后，加盖闷泡5分钟后饮服。

功效：清火除痘，消除粉刺，补血，美白。

禁忌人群：胃酸、胃寒的人禁用。

玫瑰苹果花茶

材料：玫瑰花5朵，苹果花8朵。

冲泡方法：将玫瑰花与苹果花放在水杯中，倒入适量的开水冲泡，加盖闷泡10分钟后即可饮服。

功效：排毒养颜，清热去火，光滑肌肤。

禁忌人群：溃疡性结肠炎的患者忌用。

菊普茶

材料：菊花5克，普洱6克。

冲泡方法：将菊花与普洱放在杯中，用适量的开水冲泡后，加盖闷泡5分钟后即可饮服。

功效：清火祛痘，排毒养颜，滋润皮肤。

禁忌人群：孕妇和胃寒的人禁用。

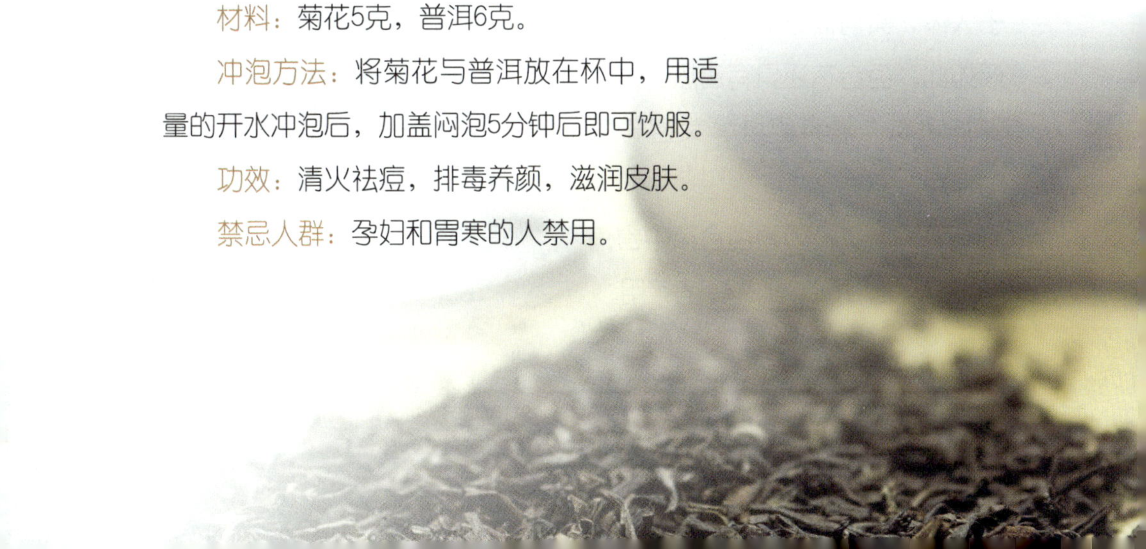

提亮肤色
——百合花养颜茶

许多女性面部无华、灰暗、暗黄、皮肤粗糙、多黑斑，主要是由于五脏功能的失调，包括心血不足、心气不能将血液推送到面部，导致脸部肌肤得不到滋养；肝之疏泻、血行不畅，使人面色暗淡无华；脾失健运、津液不足，使人精神萎靡、萎黄不泽等。而经常饮用含有百合花、茉莉花、紫罗兰、菊花等的花草茶，可以帮助提亮肤色。

百合花养颜茶

材料：百合花3克，冰糖适量。

冲泡方法：将百合花与冰糖放在杯中，倒入适量的开水冲泡，加盖闷泡10分钟后即可饮服。

功效：百合花中含有丰富的糖类、脂肪、蛋白质、维生素B_1、维生素C、胡萝卜素和钙、铁、磷等多种微量元素，这些营养元素作用于人体，具有很好的滋补功效。不仅如此，百合花还具有清热去火、安神定志、滋养肌肤、美容养颜的作用。

禁忌人群：因为百合花中含有丰富的糖类，所以糖尿病患者禁用。

美容养颜花草知识

脾胃功能的下降会使人的气血运行受阻、津液不足、不能营养面部，从而使肌肤失去弹性和光泽。将20枚红枣、30克茯苓与100克粳米放在一起，用适量的水煮成粥后食用，可以起到美颜润肤、提亮肤色的作用。

紫罗兰菊花茶

材料：紫罗兰6克，菊花3克。

冲泡方法：将紫罗兰与菊花放在保温杯中，用适量的开水冲泡，加盖闷泡5分钟后即可饮服。

功效：滋润肌肤，除皱消斑，给肌肤增加水分、增添光泽。

禁忌人群：由于菊花性寒，所以胃寒的人和孕妇禁用。

茉莉花蕾茶

材料：茉莉花花蕾5克，蜂蜜适量。

冲泡方法：将茉莉花的花蕾放在杯中，倒入适量的开水冲泡，调入蜂蜜后，加盖闷泡5分钟即可饮服。

功效：疏肝明目，滋养肌肤，主治面色无华。

菊花丹参茶

材料：菊花5克，丹参4克。

冲泡方法：将菊花与丹参放在保温杯中，倒入适量的开水冲泡，加盖闷泡5分钟后，即可饮服。

功效：菊花具有疏散风热、排毒养颜的功效；丹参可以补血养血，帮助改善肤色。

禁忌人群：孕妇和体寒的人慎用。

面色红润
——蜂蜜牡丹花茶

由于工作压力的不断增大，很多人的饮食和作息都不规律，从而导致内分泌失调，加之环境污染愈发严重，人的肌肤呈现暗黄、无华、干燥的状态。若要使肌肤红润有光泽，补血和补气是关键，而经常饮用含有牡丹花、玫瑰花、银耳等的花草茶，可以起到滋养肌肤的功效。

蜂蜜牡丹茶

材料：蜂蜜2匙，牡丹花5克。

冲泡方法：将牡丹花用适量的开水冲泡后，调入蜂蜜，加盖闷泡5分钟后即可代茶饮服。

功效：牡丹花与蜂蜜放在一起服用，其中富含的氨基酸、蛋白质和多种矿物质具有清热、排毒、消斑、去火安神、美容养颜的功效，长期饮服，可以补血益气、健胃、调节血脂。

禁忌人群：牡丹花具有补血、活血的功效，所以孕妇和经期女性禁用。

美容养颜花草知识

丝瓜中含有丰富的瓜氨酸和大量黏液，具有清热解毒、美白肌肤的功效；而冬瓜中富含粗纤维、胡萝卜素、钙、磷、铁等元素，有利水消瘀的作用。将100克丝瓜与100克冬瓜切成小块，放在锅中用适量的水煎煮30分钟后，调入适量蜂蜜饮服，可以美白润肤，使肌肤红润。

玫瑰花茶

材料：玫瑰花6朵，冰糖适量。

冲泡方法：将玫瑰花用适量的开水冲泡后，加入冰糖，加盖闷泡5分钟后即可饮服。

功效：补血活血、美容养颜，使肌肤更加红润。

禁忌人群：糖尿病患者禁用。

银耳枸杞茶

材料：银耳8克，枸杞子5克。

冲泡方法：首先用温水将银耳冲泡一起，洗净后与枸杞子放在一起，用适量的开水冲泡，加盖闷泡5分钟后即可饮服。

功效：润肺补气，活血行血。

禁忌人群：胃寒、胀气的人不能饮服。

红枣蜂蜜茶

材料：红枣5粒，蜂蜜2匙。

冲泡方法：将洗净的红枣去核后放入杯中，倒入适量的开水冲泡，调入蜂蜜并搅匀，加盖浸泡5分钟即可饮服。

功效：补血补气，健脾养肾。

禁忌人群：糖尿病患者禁用。

养护秀发

——红枣何首乌茶

头发的光泽主要依靠皮脂腺分泌的润泽作用，皮脂腺分泌不足时会导致头发枯黄、易断，而皮下血液受阻，会使头发营养不良，出现干枯、断发，甚至脱落的现象。而经常饮用含有何首乌、红枣、黄芪、枸杞子等的花草茶，可以起到促进血液循环、滋养发根的功效。

红枣何首乌茶

材料：蜜枣2粒，何首乌50克，红枣10粒。

冲泡方法：首先将红枣洗净后去核，然后与洗净的何首乌放在煲锅内，倒入5碗清水煎煮，待水剩下3碗时即可熄火。

功效：何首乌中富含的卵磷脂具有调节内分泌、营养发根、促使头发黑色素生成的作用；此外，何首乌中含有的大黄酚和大量淀粉，可以起到润发、养发的功效。红枣中含有丰富的维生素，可以补血益气，为人体补充营养。

禁忌人群：因为何首乌有通便润肠的功效，所以腹泻患者或者湿痰较重者慎用。

美容养颜花草知识

黑芝麻中含有丰富的维生素A、维生素E、卵磷脂、钙、磷、铁等营养素，可以起到补血生津、养护和乌黑秀发的功效，非常适宜头发早白、贫血萎黄的病症。所以，经常食用黑芝麻，可以使你的秀发更加乌黑、发亮，有光泽。此外，川芎有活血、润肤、止痒、扩大头部毛细血管的功效，取5克川芎与适量黑芝麻一起煎服，可以使头发润滑光泽、有韧性。

黄芪枸杞茶

材料：黄芪5克，枸杞子3克。

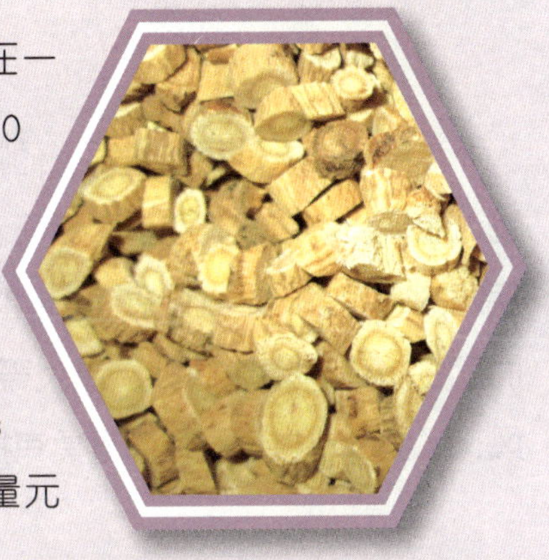

冲泡方法：将黄芪与枸杞子放在一起，倒人适量的沸水冲泡，加盖闷泡10分钟后即可饮服。

功效：黄芪中富含的氨基酸、叶酸、生物碱等物质具有改善皮肤营养、防止脱发和促进毛发增长的功效；而枸杞子中含有人体所需的多种微量元素，可以使头发乌黑发亮。

禁忌人群：阴虚的人禁用。

当归丹参茶

材料：当归6克，丹参5克。

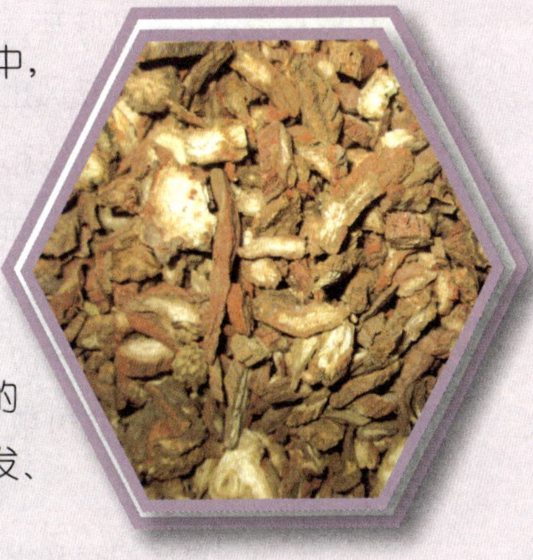

冲泡方法：将当归与丹参放在煮锅中，用适量的水煎煮1小时，之后取汁饮服。

功效：当归具有行血补血、扩张头皮的毛细血管、促进血液循环的功效；而丹参中含有丰富的维生素和锌、铜等微量元素，既可以促进头发黑色素的生成，又可以为头发补充营养，改善白发、黄发的症状。

禁忌人群：脾虚、易泻者慎用。

对抗过敏
——防风冬桑叶茶

过敏是指人的身体对某些药物或外界刺激出现不正常的反应，如药物过敏、食物过敏、花粉过敏等。正常情况下，人自身会制造抗体抵御疾病的侵袭，但是过敏患者的身体会将无害的物质当作“危险物”，从而产生抗体，出现红肿、发炎等症状。为了预防过敏，可饮用含有防风、冬桑叶、甘草、甘菊等具有抗炎、杀菌作用的花草茶。

防风冬桑叶茶

材料：防风6克，冬桑叶9克，凌霄花4.5克。

冲泡方法：将全部材料放在一起，倒入适量的开水冲泡后，加盖闷泡10分钟即可饮服。

功效：凌霄花性寒味辛，具有活血化瘀、清热凉血、祛风止痒的功效；防风性温味甘，可以起到解热止痛、抗菌消炎的作用；而冬桑叶具有润肺清火、排毒发热、消除红肿的功效。三味材料放在一起服用，可以有效对抗过敏、发炎等症状。

禁忌人群：桑叶具有利水、利泻的功效，肠胃不适者或经期女性禁用。

美容养颜花草知识

对于很多有过敏性鼻炎和哮喘的人而言，经常生吃或煲汤食用红枣可以起到抗过敏的功效。此外，将5克洋甘菊用适量的开水冲泡后，取汁与新鲜的豆浆一起饮服，也可以起到抗过敏的作用。

玫瑰甘草茶

材料：玫瑰花5克，甘草、甘菊各6克。

冲泡方法：将全部材料放在一起，用适量的开水冲泡后，加盖闷泡5分钟后，根据个人口味调入适量蜂蜜饮服。

功效：养心安神，抗过敏，杀菌，滋补。

禁忌人群：体寒的人慎用。

洋甘菊花茶

材料：洋甘菊6克。

冲泡方法：将洋甘菊放在水杯中，倒入适量的开水冲泡，加盖闷泡5分钟后，即可饮服。

功效：清热排毒，退肝火，抗过敏，消炎，消水肿。

禁忌人群：体寒、阴虚的人慎用。

蒲公英绿豆茶

材料：蒲公英6克，绿豆10克。

冲泡方法：将绿豆洗干净后用适量的清水煮沸，然后放入蒲公英，加盖闷泡10分钟后，取汁饮服。

功效：清火润肺，消炎止痒，利水，抗菌。

禁忌人群：腹泻患者禁用。

第三章 消脂纤体，展现女性完美曲线

花香袭人、清新爽口的花草茶
不仅是女性朋友美容养颜的天然“圣品”，
更是每一个对美情有独钟的人梦寐以求的绝佳“伴侣”，
让你在不知不觉中成为塑身达人，成为美的标杆。
用一杯茶的时间，享受一整天的好心情；
将自己塑造成最美的女人。

丰胸塑形
——玫瑰迷迭香茶

娇颜、丰胸、细腰、翘臀可以淋漓尽致地展现出一个成熟女人的外在魅力，而拥有丰满胸部的女人永远是自信满满的。但是，很多女性往往会因为先天遗传、发育不良或后天的不注意保养而失去女人该有的美的“资本”。因此，经常饮用含有玫瑰花、迷迭香、茉莉花和百合花等的花草茶，可以帮助你塑造完美胸部。

玫瑰迷迭香茶

材料：玫瑰花、迷迭香各3克，蜂蜜1匙。

冲泡方法：将玫瑰花与迷迭香用清水洗净后放人杯中，倒入500毫升的沸水冲泡，盖上盖子闷泡5分钟后即可饮服。

功效：玫瑰具有养颜祛斑、健胃养肝、调经活血的功效；而迷迭香具有降低胆固醇、抑制肥胖、美容丰胸的作用。将两者一起服用，可以达到活血、养颜、塑形的目的。

美容养颜花草知识

因为蒲公英中含有的雌激素和草本矿物质能够将体内的激素排出，促进胸部脂肪的生长。所以取3克干蒲公英根、3克党参、2克杏仁放在一起用250毫升的开水冲泡，加盖闷泡10分钟后即可饮服，可以起到丰胸、塑形的功效。

茉莉花蜂蜜茶

材料：茉莉花5克，蜂蜜适量。

冲泡方法：将茉莉花用适量沸水冲泡后，调入适量蜂蜜，待茶微凉后即可饮用。

功效：排除乳房中的毒素、促进乳房更好地吸收营养物质。

禁忌人群：糖尿病患者禁用。

金盏花茶

材料：金盏花10克。

冲泡方法：将金盏花放入保温杯中，倒入适量的开水冲泡，加盖闷泡5分钟后饮服。

功效：金盏花中含有的丰富维生素与矿物质，可以使乳房的肌肤红润、光滑。

减脂瘦身
——山楂薏米茶

对大多数人而言，肥胖是一个十分恼人的问题，厚厚的脂肪不仅会损害我们的身体健康，而且会影响美观。因此，要想拥有苗条、婀娜的身姿，经常饮用含有山楂、薏米、荷叶、菊花等的花草茶，可以起到润肠通便、消除脂肪的功效。

山楂薏米茶

材料：炒熟的薏米10克，山楂5克，鲜荷叶5克。

冲泡方法：将全部材料放在一起，用适量的水煮沸后即可温饮。

功效：山楂性温味酸，有消食化积、去除油腻的功效；而薏米可以清热排毒、利水渗湿，两者兼服，能够达到健胃理气、分解脂肪的功效。

禁忌人群：因为薏米具有润肠通便的功用，所以腹泻、体寒的人禁用。

美容养颜花草知识

将3克荷叶、6克决明子、3朵玫瑰花放在一起，倒入适量的开水冲泡，加盖闷泡5分钟后饮服，有清暑利湿、润肠通便、消除油脂的功效。或者将10克山楂与15克炒麦芽放在一起，加入适量冰糖，用500毫升的沸水冲泡后饮服，也可起到开胃健脾、消食除胀的作用。

普洱干菊花茶

材料：普洱5克，干菊花5朵。

冲泡方法：将普洱与干菊花放在杯中，倒入适量的沸水冲泡后即可饮服。

功效：清除油脂，帮助消化。

禁忌人群：菊花性寒，体虚的人慎用。

陈皮蜂蜜茶

材料：陈皮4克，蜂蜜2匙。

冲泡方法：将陈皮用适量的沸水冲泡后，加盖浸泡5分钟，调入蜂蜜后即可饮服。

功效：疏肝健脾，导滞消积，理气调中。

禁忌人群：胃热、阴虚体质的人忌用。

酸溜根茶

材料：山楂、荠菜花、玉米须、茶树根各10克，白糖少许。

冲泡方法：将所有材料研磨成粗末后与适量的水煎煮，30分钟后取汁饮服。

功效：利尿降脂，排出体内的废物。

纤细美腿

——柠檬马鞭草茶

由于饮食的不规律和缺乏适当的运动，下半身肥胖、小腿较粗成为很多爱美女性的最大烦恼。此时，适当饮用含有柠檬、马鞭草、苦瓜、莲子的花草茶可以将腿上多余的脂肪消除，使你拥有一双修长、纤细的美腿。

柠檬马鞭草茶

材料：柠檬草、马鞭草、迷迭香各1克。

冲泡方法：将所有材料放在一起，倒入300毫升的沸水冲泡，加盖闷泡5分钟后即可饮用。

功效：柠檬草中含有的柠檬酸和马鞭草中含有的化学物质，都具有促进新陈代谢、帮助消化的作用，下半身肥胖的人群适宜将两者一起饮服。

禁忌人群：因为柠檬草有利水、利尿的功效，所以孕妇和经期女性禁用。

美容养颜花草知识

将3克陈皮与洛神花和玫瑰花各半勺放在一起，用500毫升的沸水冲泡后，加盖浸泡10分钟后调入适量蜂蜜饮用，有燃烧体内多余脂肪和养颜美容的功效。或者将通草、白豆蔻、淡竹叶各1.5克，杏仁、茯苓各3克，薏苡仁4.5克放在一起用800毫升的水煮沸后饮服，对小腿肥胖和萝卜腿的人群非常有效。

柠檬苦瓜茶

材料：柠檬草6克，苦瓜、荷叶各30克。

冲泡方法：将苦瓜切成小块后，放在1000毫升的清水中煮沸，之后加入荷叶和柠檬草，浸泡10分钟后即可饮用。

功效：消热解毒，抑制食欲，消水肿。

禁忌人群：腹泻患者和经期女性禁用。

花粉茶

材料：天花粉15克，莲子5枚，带皮冬瓜50克，苦瓜10克。

冲泡方法：将冬瓜与苦瓜切成小块后，放入适量的水煮沸，然后放入莲子和天花粉，加盖温煮4分钟，待凉后即可饮用。

功效：去热解暑，利水消脂。

禁忌人群：孕妇和胃弱者禁用。

平坦小腹
——桃花冬瓜仁茶

现代社会，因为工作的需要，很多人需要长期坐在电脑前，日复一日，脂肪就在不知不觉中堆积在小腹上。此时，平坦小腹就成了许多爱美人士的必修课，而含有桃花、冬瓜仁、茉莉花等花草茶可以起到消减脂肪、瘦小腹的效果。

桃花冬瓜仁茶

材料：干桃花4克，冬瓜仁5克，白杨树皮3克。

冲泡方法：将所有材料放在一起，用适量的沸水冲泡后，加盖闷泡10分钟即可饮服。

功效：干桃花具有润肠通便、排毒养颜、利水利尿的作用；而冬瓜仁性凉味甘，含有的尿素、瓜氨酸、皂苷等物质可以起到利湿、清肺化痰、消脂的功效。

禁忌人群：冬瓜子性寒，体质虚寒的人禁用。

美容养颜花草知识

因为玫瑰花有滋润肌肤、消除胀气、平坦小腹的功效，而被称为“海中之露”的迷迭香又可养颜、活血，适宜需要纤细腰腹的爱美女性经常饮用。此外，马鞭草也具有强化肝脏代谢功能、帮助消化、瘦身的功效，将适量的马鞭草用沸水冲泡后饮用也可达到平坦小腹的功效。

葛根茉莉花茶

材料：葛根10克，黄芪8克，荷叶5克，红豆和茉莉花1大匙，适量冰糖。

冲泡方法：将全部材料放在一起，倒入250毫升的沸水冲泡，加盖闷泡5分钟后饮服。

功效：补气养血，消脂利水。

禁忌人群：胃寒或对茉莉花过敏的人禁用。

番泻叶茶

材料：番泻叶、茉莉花各5克，何首乌、淡竹叶各8克，黄精、枸杞子各25克。

冲泡方法：将所有材料放入保温杯中，倒入250毫升的开水冲泡，加盖闷泡10分钟即可饮服。

功效：消脂消热，化痰，通便。

禁忌人群：腹泻患者与孕妇禁用。

强效纤腰
—— 普洱山楂茶

纤细的腰肢是女性健康和魅力的象征，而在大部分人眼中，只有腰细的女人才可以称得上是美女。因此，对于那些腰粗如水桶的女人而言，消除腰上的“游泳圈”是一件梦寐以求的事。而经常饮用一些含有普洱、山楂、桃花、决明子等的花草茶可以消除腰部多余脂肪。

普洱山楂茶

材料：普洱12克，山楂30克。

冲泡方法：首先将普洱放在杯中，用适量的开水冲泡10分钟后放入山楂，加盖闷泡15分钟后温饮。

功效：普洱茶中含有能够分解脂肪的脂肪酶；而山楂中含有的丰富果酸和糖类，可以起到健胃、消食、加速肠胃蠕动的功效。

禁忌人群：因为山楂中含有丰富的果酸，所以胃酸过多的人忌用。

美容养颜花草知识

将4克干桃花、5克冬瓜仁和3克白树皮放入杯中，用适量的沸水冲泡，加盖闷泡10分钟后饮服，可以起到消解腹部脂肪、祛除皮肤上的黑斑的功效。此外，将适量的荷叶、橘皮、绞股蓝、山楂、决明子和桑叶放在一起冲泡，有利水、消解脂肪的作用。

桃花红茶

材料：干桃花6克，红茶5克。

冲泡方法：将桃花与红茶放在一起，倒入适量的开水冲泡，加盖闷泡5分钟即可饮服。

功效：桃花中含有的山柰酚和香精油具有滋养肌肤、改善血液循环的作用；而红茶中富含的茶多酚能促进肠道消化，排出体内毒素，分解脂肪。

禁忌人群：习惯性便秘的人忌用。

决明子甘草茶

材料：决明子6克，甘草5克，陈皮5克。

冲泡方法：将所有材料放在一起，用适量的开水冲泡饮服即可。

功效：调节脂肪代谢，使腰部的脂肪加速分解。

禁忌人群：低血糖患者禁用。

金银花山楂茶

材料：金银花3克，山楂5克，菊花5朵。

冲泡方法：将全部材料放在保温杯中，倒入适量的开水冲泡，加盖闷泡10分钟后即可饮服。

功效：及时排除体内多余的水分和脂肪。

禁忌人群：孕妇禁用。

预防脂肪堆积

——芦荟红茶

人体通过吸收大量的糖类、动植物脂肪后，在酶的作用下转化成自身的脂肪，当吸收大于消耗时，脂肪就开始在体内堆积。而饮用含有芦荟、乌梅、桑叶、荷叶等具有分解脂肪、排出多余水分功效的花草茶，可以有效预防堆积，使你保持苗条身材。

芦荟红茶

材料：芦荟叶1小段，红茶包1个，蜂蜜1匙，菊花少许。

冲泡方法：将剥去皮的芦荟与菊花放在适量的清水中，用小火慢慢煎煮，待水沸后将红茶包与蜂蜜放人，5分钟后即可温饮。

功效：芦荟中含有的芦荟大黄和芦荟苷具有促进大肠蠕动、增加大肠液分泌和脂肪酶活性的作用，可以有效增进食欲，促进体内代谢产物的排出，抑制脂肪吸收。

美容养颜 花草知识

由于乌梅中含有的乌梅酸具有消除脂肪、改善肠胃消化功能的作用；泽泻和陈皮可以降低胆固醇和健胃整肠；而决明子、山楂、何首乌可以清热降火、抗衰老，所以将2粒乌梅，3克的泽泻、决明子、山楂和2克的何首乌、陈皮放在一起冲泡饮服，可以将多余的脂肪和水分排出体外。

桑叶蜂蜜茶

材料：桑叶5克，蜂蜜2匙。

冲泡方法：将桑叶放入杯中，倒入适量的开水冲泡，调入蜂蜜后加盖闷泡5分钟即可饮服。

功效：利水，利尿，排出血液中过剩的油脂和胆固醇。

禁忌人群：腹泻患者禁用。

杜仲茶

材料：杜仲5克，冰糖适量。

冲泡方法：将杜仲与冰糖放在杯中，用适量的开水冲泡，加盖浸泡5分钟后饮服。

功效：杜仲含有的成分可以促进人体的新陈代谢和消耗热量，从而有消解脂肪的功效。

禁忌人群：体虚和腹泻患者禁用。

荷叶茶

材料：荷叶两大片。

冲泡方法：将干燥的荷叶揉碎后，用适量的开水冲泡，加盖闷泡5分钟后饮服。

功效：荷叶具有润肠通便、利水、利尿、消解油腻的功效。

禁忌人群：腹泻患者禁用。

消除水肿
——薏米绿茶

水肿是指在人体血管外的组织间隙中积聚了过多的体液，与肝、脾、肾脏腑的功能密切相关，是肾炎、肺心病、肝硬化以及内分泌失调等疾病常见的病症。为人体增加营养、调节内分泌可以有效消除水肿，而经常饮用含有薏米、菠萝、玫瑰花、柚子等的花草茶，可以起到利水排毒、养肝护肾的功效。

薏米绿茶

材料：薏米100克，绿豆200克，绿茶8克。

冲泡方法：将薏米与绿豆放在一起，倒入600毫升的水煎煮，待水剩下一半左右时放入绿茶，加热1分钟后熄火，取出汤汁饮服。

功效：诱发水肿的根本原因是体内滞留的水分变成了毒素，而薏米绿茶可以温热身体，帮助排除多余的水分，为身体排毒。

禁忌人群：孕妇禁用。

美容养颜花草知识

由于香蕉的果肉中含有丰富的碳水化合物、蛋白质、脂肪等物质，在促进食欲、帮助消化方面效果显著。因此将1根香蕉研碎后，放入用5克绿茶冲泡好的茶水中，调入适量蜂蜜后饮服可以起到利尿、消除水肿、通便的作用。

菠萝蜜茶

材料：菠萝半个，柠檬皮少许，红茶5克。

冲泡方法：先将红茶用适量的冷水煮沸，待茶凉后放入切好的菠萝块和柠檬皮丝，浸泡10分钟后饮服。

功效：清热去火，消除水肿。

禁忌人群：习惯性便秘的人忌用。

玫瑰果茶

材料：玫瑰果2匙，胡椒2粒。

冲泡方法：将玫瑰果与胡椒放在一起，倒入500毫升的沸水冲泡，加盖闷泡15分钟后即可饮服。

功效：通便利尿，收缩血管。

禁忌人群：阳盛内热或者阴虚火旺的人和孕妇忌用。

柚子冰茶

材料：西柚3瓣，蜂蜜和冰块各适量。

冲泡方法：将西柚掰碎后与蜂蜜用适量的开水冲泡，然后加入冰块饮服。

功效：理气散结，润肺清肠，利水、利尿。

禁忌人群：体寒者或糖尿病患者禁服。

促进代谢
—— 勿忘我绿茶

新陈代谢是指人体自身的能量转换与人体与外界物质和能量的交换。人体通过代谢，不断进行自我更新，从而维持生命的基本特征。但是，由于人体肝、肺、脾功能的受阻，从而造成体内代谢不彻底。此时，饮用一些含有勿忘我、玉蝴蝶、千日红、薰衣草的花草茶，可以起到促进新陈代谢的功效。

勿忘我绿茶

材料：勿忘我适量，绿茶1匙，蜂蜜适量。

冲泡方法：将勿忘我与绿茶放入杯中，用适量的热水冲泡，加盖浸泡3分钟后调入蜂蜜，即可饮服。

功效：勿忘我中含有的维生素C具有消除黑斑、减缓皱纹的作用；而绿茶能够增强人体血管的韧性。两者同服，可以起到美白肌肤、促进人体新陈代谢、延缓细胞衰老的作用。

禁忌人群：绿茶性偏寒，胃不好的人尽量少食，以免造成胃胀。

美容养颜花草知识

勿忘我除了有观赏价值外，还是绝佳的药品。中医认为，它有清热解毒、清心明目、养阴补肾的功效，对皮肤粗糙、大便秘结等都有很好的效果。勿忘我与月季花搭配泡茶饮，可以改善痛经症状；与菊花搭配，可疏肝清热，适用于高血压头晕目眩的症状。

薰衣草柳橙茶

材料：薰衣草和柳橙花各1匙，安神菩提3枝，肉桂4片。

冲泡方法：将所有材料放在一起，用适量的沸水冲泡，加盖闷泡10分钟后即可饮服。

功效：缓解精神紧张，消除疲劳，促进人体代谢。

禁忌人群：喉咙肿痛者或糖尿病患者禁用。

玉蝴蝶千日红茶

材料：玉蝴蝶1片，千日红3个，素馨花3个。

冲泡方法：将所有材料放在杯中，倒入适量的开水冲泡，加盖闷泡10分钟后即可饮服。

功效：调节内分泌，促进新陈代谢。

禁忌人群：胃寒者禁用。

康乃馨冰糖茶

材料：康乃馨8克，冰糖适量。

冲泡方法：将康乃馨的花朵放在水中，倒入适量的开水浸泡5分钟后，加入冰糖，加盖闷泡10分钟后温饮。

功效：改善血液循环，排出体内毒素，促进新陈代谢，消除烦躁情绪。

禁忌人群：糖尿病患者禁用。

调节内分泌
——金盏花乌梅茶

内分泌失调是指人的内分泌系统分泌的各种激素不能保持平衡，从而使人的身体出现各种病症，例如肌肤出现黄斑、脾气变得暴躁、月经不调等。而导致内分泌失调的原因主要有情志失调引起的肝、肾、脾功能的降低，饮食不规律或疲劳过度造成脾胃功能受阻。经常饮用含有金盏花、乌梅、玫瑰花等的花草茶，可以起到平衡内分泌的功效。

金盏花乌梅茶

材料：金盏花、玫瑰花、枸杞子、杭白菊各5克，乌梅5粒。

冲泡方法：将全部材料放在一起，倒入适量的开水冲泡后，加盖闷泡10分钟后即可饮服。

功效：金盏花中含有丰富的矿物质磷和维生素C等物质，具有发汗、利尿、排毒的功效；而乌梅气味芬芳，酸甜可口，富含的维生素E、维生素C、果酸、铁等营养物质有健脾和胃、滋养肌肤的功效。

美容养颜花草知识

由于玫瑰花具有疏肝解郁、活血健脾、排毒养颜、调节内分泌的功效；而茉莉花可以起到安定情绪、消除紧张、润肠通便、调整激素分泌的作用，所以，将这两种花草放在一起饮服，同样可以起到调节内分泌的功效。

玫瑰冰糖茶

材料：玫瑰茄5克，冰糖适量。

冲泡方法：将玫瑰茄用适量的开水冲泡后，加入冰糖，加盖闷泡10分钟后即可饮服。

功效：玫瑰茄具有健脾开胃，排毒养颜，调节内分泌的功效，经常饮服，不仅可以美容养颜，而且可以预防感冒。

禁忌人群：糖尿病患者禁用。

黑木耳红枣茶

材料：黑木耳30克，红枣20枚。

冲泡方法：将黑木耳与红枣洗干净后一起放在煮锅中，用适量的水煎煮，30分钟后取汁饮服。

功效：黑木耳中含有一些的化学成分可以帮助人体排出毒素、明目养肝；而红枣中富含的多种维生素可以活血益气、调节内分泌。

禁忌人群：腹泻者禁用。

月季红巧梅茶

材料：月季花5克，红巧梅6克。

冲泡方法：将月季花与红巧梅放在保温杯中，用适量的开水冲泡后，加盖闷泡5分钟后饮服。

功效：美白肌肤，调节内分泌，促进新陈代谢。

禁忌人群：孕妇或经期女性禁用。

康乃馨玫瑰茶

材料：康乃馨花5克，玫瑰花5克，蜂蜜适量。

冲泡方法：将康乃馨花与玫瑰花放在杯中，用适量的热水冲泡，加盖闷泡5分钟，调入适量的蜂蜜，即可饮用。

功效：疏肝解郁，促进血液循环，排毒养颜。

禁忌人群：康乃馨花有润肠的作用，腹泻者不宜饮用。

第四章

防治妇科病痛，轻松做美丽女人

健康才是永葆青春与活力的源泉，
若要成为一个精致的女人，
一定要学会在工作与生活中找到平衡点，
这样才能活得漂亮。
从现在开始，每天品一杯味道香美的花草茶，
将那些扰人的妇科病痛彻底消除，
做个轻松、快乐的时尚丽人。

月经不调

——凌霄茴香茶

月经不调也称月经失调，主要表现为女性月经周期不规律、出血量异常、月经前或经期时腹痛及其他病症。引发月经不调的原因很多，主要有神经内分泌失调，生殖器官的局部炎症，营养不良或精神紧张等。治疗上主要为清热解毒、活血散瘀、疏肝理气，从而有效调理月经不调。

凌霄茴香茶

材料：凌霄花、小茴香和茶树根各15克，红糖、黄酒各适量，老母鸡1只，盐和米酒少许。

冲泡方法：在月经来时，先将凌霄花、茶树根在适量黄酒中隔水慢炖3小时，之后放入适量红糖便可饮用，在月经干净后的第二天，再用茴香、凌霄花与老母鸡一起焖炖，加盐和米酒凉拌食用，连续服用3个月。

功效：凌霄花性微寒味甘、酸，有凉血祛风、活血散瘀的功能，而小茴香中含有的茴香油有助于缓解痉挛和减轻疼痛症状，两者相互配合，对缓解经期小腹疼痛非常有效。

美容养颜 花草知识

将干燥的凌霄花研磨成细末，每次饭前取出4克与适量的白酒饮用，对活血化瘀、缓解下腹肿痛非常有效。此外，将30克山楂与15克红花放在250克白酒中浸泡1周，每日适量饮用2次，对治疗经血量少、腹痛、有血块非常有效。

禁忌人群：气血虚弱者及孕妇忌服。

黑木耳红枣茶

材料：黑木耳30克，红枣20枚，茶叶10克。

冲泡方法：将黑木耳与红枣、茶叶放在一起，加入适量的水慢煮，20分钟后即可倒出饮用。每日1次，连服7次。

功效：黑木耳中含有的蛋白质、钙、磷、维生素B_1和维生素B_2是人体必需的营养元素，而红枣中含有的有机酸、糖类、维生素A、维生素C更是可以增强人的体质。将黑木耳与红枣放在一起食用，可以为人体补充营养，有效调理因营养不良引发的月经失调。

禁忌人群：因黑木耳性寒，阴虚体质的人尽量不要食用。

芝麻盐茶

材料：芝麻2克，盐1克，粗茶叶3克。

冲泡方法：先将粗茶叶用热水冲泡好，再放入芝麻和盐，在经期的前三天就开始每日饮用5次。

功效：芝麻中富含人体所需的维生素E、维生素B_1、钙等营养物质，经常食用有益肾养肝、通血脉作用，可治疗经期下腹胀痛和腰痛。

禁忌人群：对芝麻过敏，并患有慢性荨麻疹的患者禁食。

姜枣茶

材料：生姜3片，大枣5枚。

冲泡方法：先将大枣切碎，然后与生姜放在一起，用沸水冲泡，经期时饮用。

功效：生姜性温，其中特有的“姜辣素”可以刺激胃肠黏膜，扩张血管，增加血液循环，食用后使人身体发热，因此可以有效治疗体寒引起的气血不畅、血瘀经阻。

禁忌人群：因为生姜中含有某些刺激皮肤的物质，湿疹、肝炎患者和孕妇都不能食用。

痛经
——蜂蜜红花茶

痛经，是指女性在经期时，或经期前小腹过度疼痛，并伴有恶心、呕吐、绞痛、腹泻、手脚冰凉等症状，影响了正常的生活和工作，以致需要依靠药物治疗。原发性痛经的原因主要是子宫口狭小或发育不良，而继发性痛经多是由盆腔炎、盆腔出血或体寒引发的血块瘀积造成的气血不通。红花、杏仁、田七、大枣等有活血化瘀、止痛理气的功效可以制成花草茶饮用 。

蜂蜜红花茶

材料：红花5克，蜂蜜、红糖适量。

冲泡方法：将红花用沸水冲泡后，加盖浸泡10分钟左右，然后放入一定量的蜂蜜和红糖，趁热饮用。

功效：红花性温味辛，内含的黄色素可以增加冠状动脉的血流量和心肌营养性血流量，具有活血化瘀、通经理气、缓解瘀血肿痛的功效。而蜂蜜中含有60多种人体所需的有机化合物和10多种氨基酸，可增强人体免疫力、促进营养物质的吸收。

美容养颜花草知识

取红花200克，用清水洗净后晒干，之后与适量的红糖一起放入洁净的纱布袋内封好，放进低浓度的白酒1000毫升中浸泡，并加盖密封，7天后取出便可饮用。每日1～2次，每次只需20～30毫升，对治疗女性血虚、痛经非常有效，既可以养颜润肤，又可活血通经，理气利尿。

禁忌人群：由于红花有非常强的活血功效，孕妇禁用；而糖尿病患者不宜过多食用蜂蜜。

泽兰叶茶

材料：泽兰叶10克，绿茶1克。

冲泡方法：在杯中放入绿茶和泽兰叶，用煮沸的开水冲泡大半杯，盖上盖子闷泡5分钟后便可饮用。

功效：泽兰叶中含有的丰富的氨基酸、多酚、葡萄糖、泽兰糖和蔗糖，进入人体后可加速血液的流通，具有活血化瘀、通经利尿的功效，可以有效缓解经期时小腹疼痛、气滞血瘀的症状。

禁忌人群：因泽兰叶有活血通经的功效，孕妇禁用，否则会造成出血。

月季花茶

材料：月季花6克，绿茶3克，红糖30克。

冲泡方法：将月季花与红糖放入300毫升的水中，待水煮沸后5分钟，分3次饮用，每天在饭后饮服1次即可。

功效：月季花性温味甘，有行气、祛瘀、止痛、活血调经的功效，对治疗女性月经稀薄、小腹胀痛、经血色淡量少效果显著。月季花与红糖一起食用，可以治疗气血不足和月经不调引发的病症。

禁忌人群：月季花茶具有活血调经的作用，用量过多容易引起腹泻或腹痛，所以孕妇忌用。

玫瑰花茶

材料：玫瑰花15克。

冲泡方法：将玫瑰花放入杯中，倒入适量的沸水冲泡，5分钟后即可饮用。

功效：玫瑰花中含有丰富的维生素A、B族维生素、维生素C、维生素E，对改善人体的内分泌失调、促进血液循环、调理气血有绝佳疗效。女性在经期时饮用玫瑰花茶可缓解腰酸、腹痛、浑身乏力症状，使人精力充沛。

闭经

——川芎调经茶

闭经，是指女性正常的月经停止至少6个月，它是一种常见的妇科疾病。中医认为，闭经的病因病机为肝肾亏虚，经脉不通。闭经的女性多少食消瘦，精神萎靡、浑身乏力，面色也会比一般人苍白。川芎、当归、桂枝、白芍等可以温经散寒、补益肝肾、舒经活血，对治疗闭经有很好的疗效可制成花草茶饮用。

川芎调经茶

材料：川芎3克，茶叶6克。

冲泡方法：首先在锅中放入两碗水，煮沸后将川芎与茶叶一同放进去，转至小火，焖15分钟左右，适当放入些冰糖或蜂蜜调味，之后即可饮用。

功效：川芎性温味辛，对治疗血瘀气滞、瘀阻腹痛效果显著，常与桃仁、赤芍同用，主治女性血瘀闭经、经期腹痛等妇科疾病。

禁忌人群：月经过多，患有出血性疾病者或孕妇慎用。

美容养颜花草知识

将10克柴胡、12克仙茅、15克鸡血藤、15克丹参、6克红花和30克益母草一起放入适量的水中煎煮1小时左右，每日饮用1次，对治疗因肝肾亏虚引发的闭经效果显著。此外，将20枚红枣、1个木瓜与120克的猪肝放在锅中煮烂后食用，可以有效治疗气血虚弱引起的闭经。

当归益母茶

材料：当归8克，益母草10克。

冲泡方法：用沸水将两者放在一起冲泡后，加盖闷泡10分钟即可饮用。

功效：当归性温味苦，可活血补血、调经止痛，用于治疗虚寒腹痛、血虚萎黄等病症有很好的疗效。而益母草中富含的益母草碱、亚硝酸盐等化学成分，可促进血液循环、活血化瘀、祛瘀生新，是治疗血热、血滞、闭经的良药。

禁忌人群：因为益母草有活血化瘀的作用，孕妇、无瘀滞现象和阴虚血少者禁用。

大黄山楂茶

材料：大黄10克，山楂肉15克。

冲泡方法：将大黄和山楂放在一起用适量的水煎煮15分钟后，代茶饮。

功效：大黄性寒味苦，对治疗瘀血阻滞导致的月经闭止、产后瘀阻、血瘀肿痛效果显著。而山楂有活血化瘀的功效，是治疗月经不调、经期小腹疼痛和血瘀型闭经的最佳食品。

禁忌人群：大黄具有活血凉血的作用，经期女性或孕妇都不能食用。

白带异常
—— 甘草枸杞参茶

白带异常，是指白带呈黄色或黄绿色，有臭味或其他异味，白带的量增多或夹带血丝等症状。引起白带异常的原因主要有细菌感染、阴道炎、慢性宫颈炎等妇科疾病。此外，单纯的内分泌失调或身体受寒也可能导致白带异常。而甘草、枸杞子、玫瑰花、金樱子对缓解带下过多非常有效。

甘草枸杞参茶

材料：甘草6克，枸杞子5克，人参3克。

冲泡方法：将以上用料一起放入杯中，用开水冲泡，加盖闷泡5分钟后即可饮服。

功效：甘草性温味甘，内含钾、钙、甘草酸等多种物质，具有增强人体免疫力、抑制炎症和细菌感染的作用。枸杞子在治疗肝肾阴亏、内分泌失调方面效果显著，而人参中含有的多种营养物质有补充元气、固脱生津、安神的功效，对内分泌失调引起的带下增多有一定疗效。

禁忌人群：枸杞子温热效果很强，高血压患者和脾气暴躁者禁食。

美容养颜 花草知识

30克枸杞子和30克莲子清洗干净后用2只鸡蛋搅匀，加入适量的盐，然后灌入洗净的猪肠内，把两端用线扎紧。之后放入锅中用清水煮熟，切成薄片食用，对治疗肾虚引起的白带异常非常有效。

金樱子蜂蜜茶

材料：金樱子200克，蜂蜜200克。

冲泡方法：先将金樱子洗净，剥开去核，用水煮2次，待金樱子汤浓缩至膏状时加入适量蜂蜜，再次煮沸即可。每日服10–15克，每日2次，用开水冲服。

功效：金樱子性平味甘、酸，归肾、膀胱经，内含的大量酸性物质和皂苷等能够有效抑制女性带下过多，还可用于治疗遗尿和尿频。金樱子与蜂蜜一起服用对改善人体内分泌失调效果显著。

禁忌人群：金樱子有固精缩尿的作用，故感冒发热、大便干燥者忌用。

玫瑰蜂蜜茶

材料：玫瑰花5～10克，适量蜂蜜。

冲泡方法：用开水冲泡玫瑰花后，加盖闷泡20～30分钟后饮用。

功效：玫瑰花中含有丰富的维生素A、B族维生素、维生素C、维生素E，可改善人体的内分泌失调、调理气血，对女性白带增多、有异味有一定疗效。

萆薢银花绿豆茶

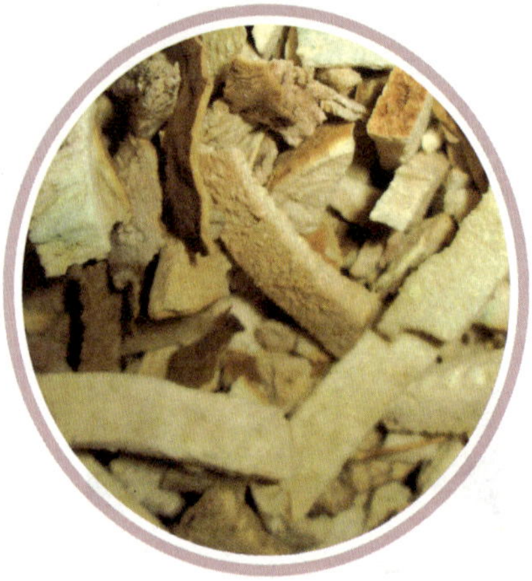

材料：萆薢30克，金银花30克，绿豆30～60克。

冲泡方法：先将萆薢与金银花用水煎煮20分钟，之后放入绿豆一起慢煮，待绿豆煮熟后放入适量白糖，即可服用。每日1次，服用3～5天。

功效：银花可以促进肾上腺皮质激素的释放，有抑制炎症和解热的功效，萆薢有去浊、治疗白带过多的功效。若两者煎服，可有效缓解白带呈赤白色、有腐臭味，下腹疼痛、发热不退和尿黄便秘的症状。

禁忌人群：萆薢有祛风湿、利小便的功效，故肾亏阴虚者忌用。

乳腺增生
—— 玫瑰蚕豆花茶

乳腺增生是指乳腺正常结构紊乱，乳腺小叶的生理性增生与复旧不全，严重时会引发肿瘤，是女性的一种常见乳房疾病。主要表现为乳房肿痛或胀痛，有肿块或者乳头痛、痒等。而内分泌失调如月经不调是引发乳腺增生的主要原因，还包括情绪紧张、经常熬夜等。玫瑰花、蚕豆花、红枣、山楂对抑制乳腺增生有一定疗效。

玫瑰蚕豆花茶

材料：玫瑰花6克，蚕豆花10克。

冲泡方法：首先将玫瑰花与蚕豆花洗干净，晒干，然后将它们一起放入杯中，用开水冲泡，加盖闷泡10分钟即可饮用。每日早晚各一次，最好坚持服用。

功效：玫瑰花性温味甘，其中含有丰富的维生素，人体容易吸收，对治疗女性内分泌失调、活血化瘀、理气解郁非常有效，在一定程度上可以调节人的情绪，起到抑制乳腺增生的作用。

> **美容养颜花草知识**
>
> 优质又可入药的玫瑰花香气比较浓郁，花朵大且颜色鲜艳，花瓣相对较厚。选取5朵玫瑰花放入杯中，再倒入300毫升的开水冲泡，加盖浸泡5分钟后饮用也可预防乳腺增生。此外，杭白菊中含有的氨基酸、黄酮类和多种维生素与微量元素有抑制细菌和炎症、清心、缓解疲劳的功效，与玫瑰花和冰糖一起冲泡、饮用亦可抑制乳腺增生。

天合红枣茶

材料：天冬15克，合欢花8克，红枣5枚。

冲泡方法：将天冬、合欢花与红枣用沸水冲泡后，盖上盖子闷泡15分钟即可。饮用时可根据个人口味，加入适量蜂蜜。

功效：天冬有抑制细菌、抗肿瘤，提高人体免疫力的作用，而合欢花有解郁安神、活络止痛、镇静、强身的功效，与含有丰富维生素的红枣一起服用，可达到活血养气、安定情绪、调节内分泌的效果，从而抑制乳腺增生。

禁忌人群：天冬性寒味苦，可加速胃肠蠕动，体虚或腹泻的人忌用。

山楂橘饼茶

材料：生山楂10克，橘饼7枚。

冲泡方法：将生山楂与橘饼放在一起用水慢煮，10分钟后加入1～2匙蜂蜜，即可当茶饮用。

功效：山楂中含有的维生素、蛋白质、钙、磷、铁，不仅是人体必需的营养物质，而且具有镇静、改善心肌活力、促进血液循环的功效，可有效抑制内分泌紊乱。而橘饼中含有一种抗癌性很强的物质，它能将致癌化学成分快速分解，从而抑制癌细胞的生长。此外，橘饼中富含的膳食纤维、果胶、维生素C可缓解疲劳、增强人体免疫力，从而可以预防乳腺增生。

妊娠呕吐

——枇杷百合平恶茶

妊娠呕吐是一些孕妇在妊娠早期至16周之间的早孕反应，年轻孕妇比较常见，一般会出现频繁呕吐以致不能进食的现象，严重者可能导致肾衰竭甚至死亡。引发妊娠呕吐的原因比较复杂，妊娠时相关激素的剧增是主要原因，但妊娠紧张、情绪不稳或营养不良也可能导致剧烈呕吐。而枇杷、百合、生姜、柠檬等对抑制妊娠呕吐有一定效果。

枇杷百合平恶茶

材料：枇杷果、百合花、鲜藕各15克。

冲泡方法：先将枇杷果与鲜藕用适量清水煎煮，30分钟后放入百合花，加盖闷泡15分钟后即可饮服。

功效：枇杷中含有的脂肪、果酸、纤维素、钾、磷、铁和多种维生素很容易被人体吸收，具有和胃、止渴、滋养肌肤的功效。而百合花中富含的水仙碱和多种生物碱对人体有良好的滋补作用，有清火、安神、润肺的功效，对缓解妊娠呕吐十分有效。

禁忌人群：因为枇杷中含有大量糖分，脾虚和糖尿病患者不能食用。

美容养颜 花草知识

取4颗枇杷去皮后切成小块，将15克干百合与30克银耳用温水浸泡8小时。在煮锅中放入1500毫升的清水与泡好的银耳用小火煎煮30分钟，随后放入冰糖，再将枇杷块与干百合放入锅中微煮，直至枇杷果变色，之后取出汤汁饮服也可治疗妊娠呕吐。

橘皮蜂蜜茶

材料：橘皮10克，蜂蜜1～2匙。

冲泡方法：首先将干橘皮洗干净，用开水冲泡后加盖浸泡10分钟，随后加入蜂蜜，即可代茶饮用。

功效：橘皮中含有的丰富果酸有开胃、健脾的功效，而其中富含的维生素C可补充人体营养。蜂蜜中含有的大量蛋白质、脂肪、糖类，对孕妇和胎儿都十分有益。妊娠呕吐不止时将两者放一起饮用，既可止吐，又可增强免疫力。

禁忌人群：糖尿病患者忌食。

生姜柠檬茶

材料：生姜与柠檬各2片，蜂蜜适量。

冲泡方法：将切成硬币大小的生姜用开水浸泡10分钟，然后将生姜取出，在姜水中放入适量的蜂蜜和柠檬片，盖上盖子闷泡5分钟后即可饮用。

功效：生姜味道辛辣，具有温中止吐、解热发表、温肺暖胃的功效，而柠檬中含有的柠檬酸可以去除油腻、缓解呕吐，加之柠檬有淡淡的清香，可以沁人心脾。

禁忌人群：生姜性温味辛，阴虚燥热体质的人忌用，否则会加重阴虚症状。

妊娠水肿
——黄芪白术三皮饮

妊娠水肿是指在妊娠数月或妊娠后出现的面部、四肢或者遍布全身水肿的现象，主要表现为食欲不振、少气懒言、四肢无力、腰痛等。引发妊娠水肿的原因主要包括妊娠期毛细管压力增加、血浆中蛋白质缺失、内分泌失调等。黄芪、白术、茯苓皮、冬瓜皮、生姜皮、葫芦壳等活络经脉、活血通气的功效，可消除肢体水肿。

黄芪白术三皮茶

材料：黄芪、白术、伏苓皮、冬瓜皮各30克，生姜皮10克，大枣5枚。

冲泡方法：将这6种材料放在一起用500毫升水煎煮20分钟后，加入适量的白糖调味，分2次服用。

功效：黄芪中含有多种氨基酸、叶酸及锌、铜等微量元素，有补气、加强脾的运化功能的功效，对治疗妊娠脾虚水肿效果显著。而茯苓性平味甘，可用于健脾、安神，有治疗水肿胀痛、妊娠恶阻的功用。冬瓜皮有治疗肾炎、小便不利和全身水肿的作用，经常食用可降血脂，防治高血压。

禁忌人群：因为茯苓有抑制肾小管重吸收的功效，所以肝肾阴亏的人忌用。

美容养颜 花草知识

将去皮后的30克茯苓与3克干姜和肉桂放入面粉中，加入适量的白糖用温火制成大饼食用，每天15~20克，对缓解妊娠水肿有一定效果。此外，将白术、生姜、陈皮、白芍、当归、茯苓与青鲤鱼一起煎煮，熟后饮服汤汁也可治疗四肢水肿。

葫芦壳白术饮

材料：葫芦壳、茯苓各15克，白术30克，生车前子10克。

冲泡方法：将4味材料放在一起用水煎煮，30分钟后饮用。每天3次，连续服用3～5天。

功效：葫芦壳性平味甘，具有渗湿利水、消除水肿的功能，对治疗腹水、面目水肿非常有效。生车前子性寒味甘，有利尿、清肝、清热利水的作用，主要治疗水肿腹胀。而白术对缓解孕妇脾虚食少、腹胀、水肿、胎动不安的症状效果显著，可健脾益气、燥湿利水。

禁忌人群：白术性温，阴虚或阳亢的人忌用。

蜂蜜瓜皮茶

材料：蜂蜜50克，冬瓜皮15克，香附6克。

冲泡方法：将冬瓜皮与香附放在一起用水煎煮，20分钟后放入蜂蜜，饮服煎汁，每天2次，连服1周。

功效：香附性平味辛，入肝经，有理气解郁、疏肝止痛、调理月经紊乱的功效，对肝功能下降引发的妊娠水肿十分有效。此外，将香附与蜂蜜和冬瓜皮一起煎汁饮服，还可以强身健体。

禁忌人群：因为香附有调经止痛、理气保肝的功用，气虚无滞者忌用。

产后恶露不尽
——益母山楂茶

产后恶露不尽是指产妇在分娩后的1～4天内，子宫内仍有遗血或浊液，分泌出的液体呈鲜红色、白色或淡黄色，有时甚至有血块。引起恶露不尽的原因主要有宫腔感染、身体虚弱导致的宫缩乏力，子宫畸形或子宫肌瘤造成的组织物残留。此时，可服用具有活血化瘀、杀菌抗炎功效的山楂、香附、益母草等制成的花草茶。

益母山楂茶

材料：山楂、益母草各10克，当归6克，红糖适量。

冲泡方法：将山楂、益母草与当归捣碎后放入保温杯中，用200～300毫升的沸水冲泡，加盖闷泡15分钟后将药汁倒出，放入适量的红糖，温饮，每天1次。

功效：山楂和益母草都有活血化瘀的功效，加之山楂可以健胃消食，当归能够补血活血，产妇饮用后既可以减轻恶露引发的腹痛、食欲不振，又可活血散瘀。

禁忌人群：因为益母草有活血的功效，产后经期或出血较多的女性忌用。

美容养颜 花草知识

山楂不仅是开胃健脾、增强食欲的佳品，而且具有活血化瘀的功用。将1000克山楂放入水中慢煮30分钟后，加入适量红糖饮服，对治疗恶露不尽也有一定疗效。此外，将30科山楂与15克香附一起煎煮后饮服，或将30克的益母草和马齿苋用沸水冲泡后饮用，都可以起到抑制产后恶露不尽的功效。

马齿苋茶

材料：马齿苋5克，绿茶3克。

冲泡方法：用200毫升的开水将马齿苋与绿茶一起冲泡，加盖闷泡10分钟后即可代茶饮用。

功效：马齿苋中含有的丰富的胡萝卜素、维生素、蛋白质、糖类，可有效补充营养，有利水消肿、消除尘毒、抑菌消炎的功效，主治产后子宫出血、便血症状。而绿茶中含有大量的有机化合物和无机矿物质，有保健、防病、消炎的功效。

禁忌人群：因为马齿苋有利水、利尿的功效，腹部受寒和腹泻的人忌用。

山楂红糖茶

材料：山楂30克，红糖30克。

冲泡方法：将果肉饱满的山楂洗净后切成薄片，然后晒干。在锅里放入适量的清水，倒入山楂片用旺火煮烂，之后加入红糖再用小火微煮5分钟，出锅冷凉后产妇即可饮用。

功效：山楂中含有丰富的氨基酸和多糖，可帮助产妇增进食欲、促进消化，还具有驱散瘀血的功效，加之红糖可以补血益血，对缓解产妇恶露不尽效果显著。

禁忌人群：因山楂和红糖中含有大量蔗糖，所以糖尿病患者应少食或禁食。

桃仁红糖茶

材料：桃仁10克，红糖15克。

冲泡方法：首先将去掉的皮的桃仁捣成碎末，然后与红糖一起放在杯中，用沸水冲泡，盖上盖子闷泡30分钟，每天饮服1次。

功效：桃仁中含有的丰富胶质可以生成血小板，从而起到止血的功效，而其中富含的糖类能快速补充身体损耗的能量。桃仁与红糖一起服用，可以起到破血行瘀的作用，对治疗恶露不尽非常有效。

禁忌人群：因为桃仁中含有大量的脂肪油和挥发油，孕妇禁食，以免引起腹泻。

产后体虚

——桂圆当归茶

产后体虚是指女性因为在分娩过程中过度损耗能量，造成大量出血或创伤后，导致气血不足。主要表现为出虚汗、小腹疼痛、四肢乏力、怕冷、月经不调等症状。引起产后虚弱的主要原因是在妊娠分娩的过程中，孕妇体内的黄体酮、雌激素等急剧增加，导致体内的内分泌失调或者失血过多。而桂圆、当归、莲子、百合等均有健脾益气、补肾益精、通乳下气的功用。

桂圆当归茶

材料：桂圆干15克，当归5克。

冲泡方法：将桂圆干与当归放在一起，用适量清水煎煮，30分钟后可放入适量蜂蜜饮服。

功效：桂圆中含有大量的糖类、蛋白质、维生素，有补气血、安神定志、消除疲劳的功效。而当归有活血通经、补血养气的作用，主治产后瘀血、衰弱贫血、面色萎黄。

禁忌人群：因为桂圆与当归均性温，热性体质的人忌用。

美容养颜 花草知识

选取20个果肉饱满的桂圆和50个莲子，加入适量清水，直至莲子被煮熟，取出即可饮用，有健脾、安神、养血的功效。此外，将15克桂圆与10枚红枣、50克糯米放在一起熬煮成粥，有养心健脾的作用，适合贫血和失眠健忘者食用。

黄芪蜂蜜茶

材料：黄芪800克，蜂蜜适量。

冲泡方法：将黄芪放入锅中用适量清水煎煮成汁，之后放入适量蜂蜜即可服饮。

功效：改善体质，增强人体免疫力。

禁忌人群：糖尿病患者忌食。

桂圆绿茶

材料：桂圆20克，绿茶2克。

冲泡方法：将桂圆放入锅中蒸煮1小时，然后把蒸好的桂圆与绿茶一起放入杯中，用沸水冲泡，5分钟后代茶饮用。

功效：补血活血，改善体虚。

禁忌人群：热性体质或经常便秘的人忌食。

大枣益母草茶

材料：大枣50克，益母草30克，红糖50克。

冲泡方法：将大枣和益母草洗净后加入适量的水，用大火煮沸，然后加入红糖改文火煎煮，直至溢出药香味。

功效：活血化瘀，补气养血，增强人体免疫力。

禁忌人群：孕妇或有出血性疾病的人忌用。

产后缺乳

——芝麻催乳茶

产后缺乳是指产妇在哺乳时乳汁不足或没有乳汁，不足以喂养婴儿。产后缺乳的原因很复杂，主要有气血两虚、营养不良；过早大补造成乳汁黏稠不下；分娩时心理压力过大，影响内分泌。食用芝麻、木瓜、红小豆、黄芪等均可起到催乳的功效。

芝麻催乳茶

材料：黑芝麻5克，绿茶1克，红糖25克。

冲泡方法：首先将芝麻炒熟后研磨成粉末，然后将其与绿茶、红糖放入保温杯中，用400～500毫升的热水冲泡，搅匀后分3次饮用。

功效：芝麻中含有的大量脂肪、蛋白质、膳食纤维和各种维生素可有效补充人体营养，有滋补肝肾、养血润肺、生津催乳的功效。

禁忌人群：芝麻中含有大量的脂肪油，慢性肠炎和腹泻患者禁食。

美容养颜花草知识

将250克的芝麻炒熟后，研磨成粉末，放入猪蹄中一起用文火慢炖，具有较好的催乳功效。此外，将核桃去皮后捣烂与适量黄酒一起饮服，也可治疗乳汁不足，或乳汁不通的症状。

红枣莲藕茶

材料：红枣10克，莲藕250克，花生100克。

冲泡方法：将全部材料放入砂锅中，加入适量清水用文火煎煮3小时，直至煮沸。

功效：养血滋阴，健脾胃，疏肝气，补益通乳。

木瓜生姜茶

材料：木瓜500克，生姜30克，米醋500克。

冲泡方法：将木瓜与生姜放入瓦罐中，用少量清水煎煮30分钟后，放入米醋即可饮服。

功效：清热解毒，通乳活血，滋补养颜。

禁忌人群：阴虚燥热、肺热干咳的人忌食生姜。

更年期综合征
——当归葛根茶

更年期综合征是指妇女从生育期到老年期，因卵巢功能逐渐衰退和性激素分泌减少造成的自主神经功能失调的症状。一般始于40岁，持续10到20年，营养不良或精神过度紧张时发病率较高。而当归、葛根、柴胡、川七有疏肝解郁、调节内分泌、缓解更年期综合征的功效。

当归葛根茶

材料：当归5克，葛根10克。

冲泡方法：将当归与葛根放在保温杯中，用适量沸水冲泡，加盖闷泡10分钟后即可饮用。

功效：葛根中含有的黄酮类化合物可以调节雌激素的分泌，有美体养颜的功效。而其中含有抑制酪氨酸酶的化学元素，可以防治黑色素的生成，对治疗雀斑、黄褐斑有很好的疗效。

禁忌人群：因为当归有活血化瘀的功效，热盛出血者忌用。

美容养颜花草知识

将15克茉莉花放入保温杯中，用适量开水冲泡，加盖浸泡10分钟后调入2匙蜂蜜饮服，有安神定志、舒缓紧张、稳定情绪的功效，更年期女性适宜经常饮用。此外，玫瑰花茶也可缓解心情烦躁、抑郁、紧张，滋补养颜。

甘草大麦茶

材料：甘草6克，小麦30克，红枣10枚，绿茶6克。

冲泡方法：将甘草、小麦、红枣清水洗净后与绿茶放入杯中，倒入适量的沸水冲泡，加盖闷泡15分钟后取汁饮服。

功效：补脾益气，安神定志，治疗失眠、盗汗。

禁忌人群：孕妇禁食甘草。

柴胡川七茶

材料：柴胡15克，川七12克，当归、白术、牡丹皮、牛蒡子各10克。

冲泡方法：将全部材料洗干净后放在一起，倒入500毫升的沸水冲泡，加盖闷泡10分钟后取汁饮服，一天3～4次。

功效：排毒养颜，疏肝解郁，活血理气。

禁忌人群：孕妇禁食川七。

牡丹皮龟鹿胶茶

材料：牡丹皮6克，柴胡、牛蒡子、龟鹿胶各5克。

冲泡方法：将所有材料洗净后放入保温杯中，用适量的沸水冲泡，盖上盖子闷泡50分钟后即可代茶饮用。

功效：清凉活血，滋补养肾，增强体质。对缓解更年期盗汗、潮红疗效显著。

禁忌人群：阴虚火旺者禁用。

茉莉牡丹茶

材料：茉莉花5克，牡丹花5克，玫瑰花2克。

冲泡方法：将以上所有材料放在茶壶中，加入适量的水，煎煮5分钟左右，即可饮用，饮用时可以调入适量的蜂蜜。

功效：理气解郁，养血保肝，舒缓郁闷情绪。

禁忌人群：孕妇及经期女性禁用。

第五章
调养日常不适，享受健康生活

好的花草茶不仅是爱美女性
养颜护肤、修身塑形的绝佳饮品，
更是健身强体的“灵丹妙药”。
还可帮您增强身体的免疫力、泻火除烦，
消除疲劳与不适，还您一天的好心情。

感冒
——丁香生姜茶

感冒是一种由多种病毒引发的呼吸道常见疾病，主要表现为发热、头痛、咽喉肿痛、咳嗽、流鼻涕、浑身无力等症状。免疫力低下、经常感冒的人适宜经常饮用含丁香、生姜、板蓝根、蒲公英等的花草茶。

丁香生姜茶

材料：丁香粉5克，生姜40克，红糖200克。

冲泡方法：首先将生姜捣成碎末，然后把红糖放入锅中加入适量的水，用温火熬煮，等到糖水比较稠厚时放入生姜与丁香粉，继续煎煮至黏糊状，待稍冷后食用。

功效：丁香性温味辛，有温肾补阳、温中降逆的功效；而生姜可以生津发表、发汗解毒；加之红糖能够补血养气、祛胃寒，三者共饮可有效治疗感冒。

禁忌人群：因为红糖中含有大量蔗糖，糖尿病患者忌用。

美容养颜花草知识

因为菊花有清热去火、消炎止痛的功效，而款冬花可以润肺止咳。所以将15克款冬花与12克菊花、7克甘草、7克射干放在一起，用50毫升的沸水冲泡，加盖闷泡10分钟后饮服，对治疗感冒引起的咽喉肿痛、头痛、咳嗽、痰多、肺热非常有效。

板蓝根青叶药茶

材料：板蓝根、大青叶各50克，野菊花、金银花各30克。

冲泡方法：将全部材料放入杯中，用适量沸水冲泡后温饮。

功效：预防感冒，治疗呼吸道感染和流行性脑炎。

禁忌人群：菊花性寒，孕妇和体寒者忌用。

姜醋红糖茶

材料：生姜3克，红糖10克，食醋3克，茶叶3克。

冲泡方法：将全部材料放在一起，倒入适量沸水冲泡，加盖闷泡5分钟后饮服，每日3次。

功效：对治疗感冒初期的头痛、流鼻涕、打喷嚏等症状非常有效。

禁忌人群：阴虚体质的人不宜吃生姜。

蒲公英茶

材料：蒲公英20克。

冲泡方法：首先将蒲公英的花朵晒干后切成碎末，然后用适量沸水冲泡，加盖闷泡10分钟后代茶饮服。

功效：有效抑制金黄色葡萄球菌，治疗流行性感冒。

禁忌人群：体寒肾虚的人禁食。

头痛
——菩提叶薄荷茶

头痛是指由于神经痛、颅内感染或病变、脑血管疾病、病毒感染引发的头颅上半部包括眉弓、耳郭上缘的疼痛。感冒导致的头痛或轻微的偏头痛患者可以适当饮用含有薄荷、菩提叶、迷迭香、薰衣草等的花草茶。

菩提叶薄荷茶

材料：菩提叶、薄荷各2克，蜂蜜适量。

冲泡方法：将菩提叶和薄荷放入杯中，倒入500毫升的沸水冲泡，加盖闷泡15分钟后，调入蜂蜜即可饮服。

功效：薄荷具有“热时清凉，冷时暖身”的双重功效，加之可以镇痛、醒脑，对轻微头痛、偏头痛效果显著。而菩提叶具有缓解精神紧张、调节肾脏功能、治疗头痛和焦虑的作用。

禁忌人群：因为薄荷性凉味辛，所以胃寒体虚的人慎用。

美容养颜花草知识

将新鲜的薄荷叶捣碎后敷在太阳穴处，可以起到加速血液循环、清凉、散热、镇静、安神定志的功效。但是，因为薄荷性微寒，产妇和幼儿一定要避免使用。此外，茉莉花也有提神、安定情绪、解郁的作用，经常饮用可以有效缓解头痛。

玫瑰薰衣草茶

材料：玫瑰花10克，薰衣草5克。

冲泡方法：将玫瑰花与薰衣草放人杯中，用适量开水冲泡，代茶饮服。

功效：安神醒脑，静心养颜，缓解疲劳。

禁忌人群：孕妇和经期女性禁用。

迷迭香茶

材料：迷迭香10克，蜂蜜适量。

冲泡方法：将迷迭香用适量开水冲泡，调人蜂蜜后加盖闷泡10分钟饮服。

功效：安神定志，帮助睡眠，缓解神经衰弱引起的头痛。

禁忌人群：体寒、肠胃不好的人忌用。

咳嗽
—— 紫罗兰桂花茶

咳嗽是指喉咙或气管黏膜受到异物刺激时，迅速吸气，随之强烈呼吸而引发的声带振动。咳嗽的原因主要包括感冒病毒进入鼻腔或咽喉导致呼吸道黏膜发炎、支气管发炎、肺炎或急性咽喉炎。而紫罗兰、桂花、丁香、金银花则具有润肺止咳、清热解毒的功效。

紫罗兰桂花茶

材料：紫罗兰15克，桂花10克。

冲泡方法：将紫罗兰与桂花放入保温杯中，倒入适量的开水冲泡，加盖闷泡10分钟后即可饮服。

功效：紫罗兰具有排毒、润喉、清热、保护上呼吸道和治疗呼吸系统疾病的功效，而桂花性温味辛，入肺经，对治疗痰饮咳喘、食欲不振非常有效。

禁忌人群：因为桂花的香气非常浓郁，孕妇忌用。

美容养颜 花草知识

将10克桑白皮、10克捣碎的杏仁与2克绿茶放入煮锅中用温火煎煮，30分钟后加入适量冰糖，待冰糖溶化后即可饮服。每天2次，连服6天。此茶对治疗感冒初期的咳嗽、打喷嚏、咽喉肿痛等症状非常有效。

紫罗兰丁香茶

材料：紫罗兰5克，丁香5粒，蜂蜜、葡萄汁、橘皮适量。

冲泡方法：将紫罗兰、丁香与橘皮放在一起，倒入500毫升的沸水冲泡，加盖闷泡10分钟后调入蜂蜜与葡萄汁，即可饮用。

功效：清热解毒，排毒养颜，调气血，止咳。

金银花蜂蜜茶

材料：金银花5克，蜂蜜2匙。

冲泡方法：将金银花放入保温杯中，倒入适量开水冲泡，调入蜂蜜后加盖闷泡5分钟后饮服。

功效：润肺止咳，清热解毒，发热生津。

禁忌人群：孕妇和体寒者忌用。

桔梗乌梅茶

材料：桔梗、麦冬、玄参各6克，乌梅、生甘草各3克。

冲泡方法：将全部材料放在一起，倒入适量沸水冲泡，加盖闷泡10分钟后饮服。

功效：治疗肺阴亏损导致的咽喉干燥、剧咳无痰、口干、盗汗。

禁忌人群：孕妇与产妇忌用乌梅。

声音嘶哑
——罗汉果利咽茶

声音是由喉咙病变引起的声调变低或变粗，导致病变的主要原因包括慢性咽炎、声带息肉、过度发音、急性咽喉炎等。声音嘶哑的人适宜喝含有罗汉果、胖大海、白萝卜等的花草茶。

罗汉果利咽茶

材料：罗汉果1个。

冲泡方法：将罗汉果浸泡在适量开水中，10分钟后温饮即可。

功效：罗汉果中含有的D-甘露醇有清肺止咳、润喉、抗炎的功效，对声音嘶哑、嗓子干痒、喉咙肿痛非常有效。

禁忌人群：因为罗汉果具有润肠通便的功效，所以脾阳不足、腹泻的人禁食。

美容养颜花草知识

取荸荠10个、梨2个，分别去皮后切成小块，放在一起用适量的清水煎煮，煮沸后放入适量冰糖，一次或分次饮服。因为荸荠有止渴解毒、温中益气的功效，加之梨可以清肺润喉，两者同时食用可有效治疗声音嘶哑。

鲜姜萝卜茶

材料：白萝卜100克，生姜50克。

冲泡方法：将白萝卜洗净后榨橙汁，与捣碎的生姜放在一起用适量开水冲泡，代茶饮服。

功效：化痰驱寒，理气止呕，清热排毒。

禁忌人群：阴虚体质的人禁用。

胖大海茶

材料：胖大海3枚，冰糖适量。

冲泡方法：先将胖大海用温水洗净，然后与冰糖一起放入杯中用适量开水冲泡，加盖闷泡15分钟后即可饮用。

功效：治疗津液耗伤、肺失滋润引起的声音嘶哑。

禁忌人群：脾胃虚寒的人忌用。

蜂蜜绿茶

材料：绿茶10克，蜂蜜适量。

冲泡方法：将绿茶放入杯中，倒入适量开水冲泡，然后调入蜂蜜，代茶温饮。

功效：清热排毒，清肺止咳。

禁忌人群：糖尿病患者慎用。

咽喉痛

—— 龙须草金莲花茶

咽喉痛是由急性扁桃体炎、咽喉炎和急性咽炎引发的口咽或喉炎病变，从而导致咽喉红肿疼痛的症状。咽喉肿痛的人适宜饮用含有龙须草、金银花、胖大海等的花草茶。

龙须草金莲花茶

材料：龙须草15克，金莲花10克。

冲泡方法：将龙须草与金莲花放在一起用适量的开水冲泡，加盖闷泡10分钟后即可饮服。

功效：龙须草性平味淡，有利尿通淋、清热安神的作用，而金莲花中含有的黄酮类和生物碱具有清热解毒、养肝明目，治疗咽炎、扁桃体炎的功用。

禁忌人群：因为金莲花性寒，胃寒、体虚的人慎用。

美容养颜花草知识

将2朵金莲花、3克薄荷和半匙的薰衣草放入杯中，用适量的沸水冲泡，代茶饮用，可以起到润喉利咽、防止喉咙干涩的作用。此外，将2朵金莲花、5克枸杞子、3克甘草和适量冰糖放入杯中，用500毫升的开水冲泡后饮用，对治疗感冒引起的喉咙肿痛效果更加明显。

荷叶甘草茶

材料：荷叶100克，甘草5克。

冲泡方法：将荷叶洗干净后切成碎片，然后与甘草放在一起用适量的水煎煮10分钟，饮用时加入适量白糖。

功效：清热解暑，利尿排毒。

禁忌人群：腹泻患者禁食荷叶。

金银花茶

材料：金银花10克。

冲泡方法：将金银花放入杯中，倒入适量的开水冲泡，加盖闷泡10分钟，饮用时可调入适量蜂蜜。

功效：治疗急性或慢性扁桃体炎、病毒性感冒引发的咽喉肿痛。

禁忌人群：孕妇和体寒者禁用。

菩提子茶

材料：菩提子5克。

冲泡方法：将菩提子放入杯中，倒入500毫升的开水，浸泡5分钟后即可代茶饮服。

功效：帮助消化，缓解紧张情绪，清咽利喉。

口腔溃疡
——莲心栀子甘草茶

口腔溃疡一种由感冒、精神紧张、消化不良等引起的口腔黏膜常见病症，溃疡主要在唇、颊、舌等部位。口腔溃疡的多发人群主要为女性，此时，适当饮用含有甘草、菊花、金银花、茉莉花的花草茶，可以起到清热解毒、消炎止痛的功效。

莲心栀子甘草茶

材料：莲心3克，栀子9克，甘草6克。

冲泡方法：将3味材料放在一起，用适量开水浸泡15分钟后饮服。

功效：莲心中含有的莲心碱、荷叶碱、牛角花素等物质有清心、去热、除烦的功用，而栀子有泻火除烦、凉血解毒、清利湿热的作用，加之甘草可以润肺、利咽、抗炎，三者一起服用，对治疗口腔溃疡效果显著。

禁忌人群：因为甘草中含有的某些元素会与降压药有拮抗作用，高血压患者禁用。

美容养颜花草知识

将10克桑树皮、5克甘草和竹叶洗净后放入煮锅中煎煮，30分钟后取汁饮服，也可消炎、去火。此外，将3克荷叶、6克炒熟的决明子、3朵玫瑰花放在一起用开水冲泡，有清暑利湿、生发清肠的功效。

三花茶

材料：金银花10克，茉莉花3克，菊花10克。

冲泡方法：将以上3种材料放在一起，倒入适量沸水冲泡，加盖后闷泡10分钟即可温饮。

功效：清热解毒，清火益肺。

禁忌人群：体寒者和肠胃不好者禁用。

薏米山楂茶

材料：炒熟的薏米10克，山楂5克，鲜荷叶5克。

冲泡方法：将薏米和山楂放入适量的清水中煮沸，然后放入荷叶加盖文火煮10分钟，即可饮服。

功效：清热利湿。

禁忌人群：孕妇禁食薏米。

西洋参片茶

材料：西洋参2片。

冲泡方法：将西洋参片放入杯中，倒入300毫升的开水冲泡，加盖闷泡10分钟后饮用。

功效：清虚火，益肺养胃，去低热。

禁忌人群：体寒、肢冷、腹泻的人禁食。

失眠多梦

——酸枣仁白菊花茶

失眠多梦是指人的睡眠深度不够、睡眠质量不高所导致对梦的记忆次数增加的症状。病因主要有思虑过度、精神紧张、过度焦虑等。而酸枣仁、白菊花、莲藕、百合有养气安神、补血、缓解疲劳的功效。

酸枣仁白菊花茶

材料：酸枣仁10克，白菊花3克。

冲泡方法：将酸枣仁与白菊花放在一起，倒入80℃的开水冲泡，加盖闷泡1个小时后即可饮服。

功效：酸枣仁对治疗心肝血虚引起的心烦不安、失眠、盗汗、心悸怔忡效果显著，加之白菊花有平肝潜阳、疏风散热、明目安神的功效，两者一起泡服，可治疗失眠多梦、精神紧张。

禁忌人群：菊花性寒，体寒、腹泻者或孕妇都不宜食用。

美容养颜花草知识

将30克酸枣仁捣碎后，用适量的清水煎煮30分钟，在每晚睡前服用，对治疗烦躁不安、盗汗、焦虑引发的失眠多梦非常有效。此外，经常饮用玫瑰花茶也可起到滋养补肾、缓解疲劳、调节内分泌和安神的功效。

莲藕冰糖茶

材料：藕粉1小碗，冰糖适量。

冲泡方法：将藕粉倒入杯中与冰糖用适量温水冲泡，待搅匀后即可饮用。

功效：养心安神，补脑益气。

禁忌人群：糖尿病患者禁用。

龙眼百合茶

材料：龙眼15克，百合30克。

冲泡方法：将龙眼肉与百花放在一起用开水冲泡，在午后时饮服1次。

功效：镇定神经，补血益气，缓解精神紧张。

禁忌人群：热性体质或脾气暴躁的人忌用。

柏子仁茶

材料：柏子仁5克。

冲泡方法：将柏子仁放人煮锅中用适量的水煎煮，在晚上临睡时饮服。

功效：对于面色少华、盗汗、心悸有显著疗效，可以养心安神、润肠通便。

眼睛酸痛

——枸杞八宝茶

眼睛酸痛是指由于细菌感染、受到刺激或过度疲劳引起的眼睛不适。慢性鼻窦炎、结膜炎、某种类型的头痛、过滤性病毒感染都可能导致眼睛酸痛。此时，适量饮用一些含有枸杞子、甘草、菊花等具有去火、解毒、消炎作用的花草茶会有非常明显的缓解作用。

枸杞八宝茶

材料：枸杞子8克，桂圆肉5克，葡萄干6克，核桃仁5克，山楂3克，红枣1枚，菊花1朵，芝麻10克，冰糖40克。

冲泡方法：将所有材料放在一起用滚烫的沸水冲泡，加盖闷泡15分钟后即可饮服。

功效：红枣中含有丰富的维生素C，可以补充人体营养；桂圆可以滋补益血、安神养心；核桃仁能够祛风明目；冰糖可以润肺去火。将这几味材料放在一起食用，可以缓解精神紧张或过度疲劳造成的眼睛酸痛。

禁忌人群：因为桂圆性温，有补血的功效，所以体热或脾气暴躁的人不宜饮用。

美容养颜 花草知识

因为素馨花有排毒养颜、养目保健的功效，工作和生活中经常面对电脑的人适宜经常饮用，可以起到缓解眼部疲劳、滋养肌肤的功效。此外，将具有排除体内毒素功效的甘草与可以消除眼袋的绿茶一起饮用，减轻眼睛酸痛的效果会更加明显。

决明天麻茶

材料：决明子25克，天麻20克，菊花12克，菟丝子15克。

冲泡方法：将所有材料用水洗干净后放入保温杯中，倒入500毫升的沸水冲泡，加盖闷泡5分钟后即可饮服。

功效：舒经活血，清热解毒，清肝火。

禁忌人群：孕妇忌用。

枸杞地黄茶

材料：枸杞子和菊花各30克，地黄、牡丹皮各15克，蜂蜜适量。

冲泡方法：将所有材料放入茶壶中，用500毫升的沸水冲泡，加盖闷泡10分钟后取汁，调入适量蜂蜜后即可饮服。

功效：治益气生精、去肝火，有助于消除眼睛干涩与疲劳。

禁忌人群：孕妇和糖尿病患者禁用。

桑叶菊花茶

材料：桑叶和菊花各15克，甘草5克，绿茶1克。

冲泡方法：将桑叶、菊花和甘草洗净后，与绿茶放在一起倒入适量开水冲泡，加盖闷泡5分钟后即可饮用。

功效：清肝明目、清热解毒，迅速缓解眼部疲劳与酸痛。

禁忌人群：体寒的人、孕妇禁用。

贫血

——枸杞红枣茶

贫血是指人体血液中的红细胞容量低于正常范围下限的一种病症。其主要表现为头昏、耳鸣、失眠、注意力不集中等，而红细胞生成减少和营养不良导致的缺铁或铁利用障碍是引起贫血的根本原因。经常饮用含有枸杞子、红枣、人参、桂圆等的花草茶可以有效治疗贫血。

枸杞红枣茶

材料：枸杞子10克，红枣30克，冰糖1匙。

冲泡方法：将红枣与500毫升的冷水煮沸后加入枸杞子，之后用文火煮5分钟再放入冰糖，待微凉后饮用。

功效：枸杞子具有润肺止渴、滋肝养肾、使面色红润的功效，而红枣中含有的丰富维生素可以起到生津液、补血益气的作用。

禁忌人群：感冒、发热、腹泻的人禁食枸杞子，因食后易助长湿邪。

美容养颜 花草知识

取红枣10枚，与适量砂糖放入锅中用水煮烂，然后将5克绿茶用水冲泡后滤去茶叶，取出红枣汤与茶汁搅匀后饮服；或者将20克的桂圆肉用大火蒸熟后，将1克绿茶用适量开水冲泡，加盖闷泡5分钟后滤去茶叶，取出茶汁与桂圆肉一起饮服，都可以起到治疗贫血的功效。

参枣茶

材料：红枣10克，党参20克。

冲泡方法：将红枣和党参放入砂锅中，倒入300毫升的清水煎煮20分钟，之后取汁饮服。

功效：补中益气，养血生津。

禁忌人群：气滞、怒火、脾虚的人慎用。

丹参黄精茶

材料：丹参10克，黄精10克。

冲泡方法：将丹参与黄精研磨成碎末后放入杯中，倒入适量沸水，加盖泡10分钟后饮服。

功效：填髓、补血，适用于贫血或红细胞降低的患者。

禁忌人群：孕妇和经期女性禁食。

人参圆肉茶

材料：人参10克，桂圆肉15克。

冲泡方法：将人参捣成碎末后与桂圆肉一起放入杯中，倒入适量沸水冲泡，加盖闷泡10分钟后即可饮用。

功效：养血安神，活血补血。

禁忌人群：热性体质的人禁食。

慢性疲劳

——菊花人参茶

慢性疲劳是指人的身体长期处于超负荷的状态下而导致的神情恍惚、失眠、头昏眼花、腰酸、背痛、烦躁易怒等症状。繁重的学业、忙碌的工作和过度的精神紧张都会引发慢性疲劳。此时，经常饮用用菊花、人参、柠檬、薰衣草等泡制的花草茶可以起到安神醒脑、舒经活血的作用。

菊花人参茶

材料：干菊花花蕾4朵，人参10克。

冲泡方法：将人参切成碎片后与菊花的花蕾放在一起，倒入适量的开水浸泡15分钟后即可饮服。

功效：菊花的香气芬芳，有明目、去火的功效；人参中含有的皂苷及多种维生素可有效缓解神经疲劳、提高免疫力。

美容养颜花草知识

绿茶中含有的维生素C、维生素E和茶多酚具有很强的抗氧化作用，可以有效消除体内的氧自由基，起到抗辐射、增强人体免疫力的功效；而菊花可以消除眼部疲劳、舒缓神经，两者兼服，可以有效缓解慢性疲劳症状。

禁忌人群：因为人参具有促进血液循环的作用，高血压患者禁用。

柠檬薰衣草茶

材料：柠檬草半匙，薰衣草1/4匙，姜4片。

冲泡方法：将所有材料放在一起，用滚烫的开水浸泡5分钟后饮服。

功效：放松身心，安神定志。

禁忌人群：阴虚体质的人禁用生姜。

洛神橙皮茶

材料：洛神花半匙，橙皮3片，肉桂适量，薄荷半匙，蜂蜜少许。

冲泡方法：将洛神花、橙皮、肉桂与薄荷放在一起，用沸水浸泡5分钟后，滤汁调入蜂蜜饮服。

功效：安神醒脑，补血益气。

禁忌人群：孕妇和体热的人慎用。

薄荷桂花茶

材料：薄荷半匙，桂花半匙，甘草1/3匙。

冲泡方法：将所有材料放在一起，用滚烫的开水浸泡3分钟后即可饮服。

功效：放松身心，缓解疲劳。

禁忌人群：孕妇或者体寒的人。

腹泻

——大蒜银花茶

腹泻是指人的排便次数明显增加，粪便稀薄且水分较多，有肛门不适、失禁等症状。引起腹泻的原因主要包括外伤感染、疾病传播、饮食不规律、食物中毒等。而含有大蒜、金银花、桂花、柠檬等的花草茶可以起到杀菌、抗炎、止泻的功效。

大蒜银花茶

材料：大蒜15克，金银花9克，甘草3克，白糖适量。

冲泡方法：将大蒜捣碎后与金银花、甘草、白糖放在一起，用适量的开水冲泡，加盖闷泡10分钟后即可饮服。

功效：大蒜中含有的蒜精具有很强的杀菌、抑菌作用，可以快速消灭大肠杆菌、原虫病病菌；而金银花具有清热解毒、抗炎抑菌的功效。两者共用，可以有效缓解腹泻。

禁忌人群：因为金银花性寒，体质较虚的人不宜经常饮用。

美容养颜 花草知识

取无花果的叶子10克，放在杯中用500毫升的开水冲泡后，加盖闷泡5分钟饮用，可以起到止泻、抗菌的效果。此外，胡萝卜中的碱性物质具有吸附肠道细菌和毒素的作用，因此，将500克的胡萝卜洗净后切成小块，与1000毫升的水煎煮30分钟后饮服，也可快速治疗腹泻。

柠檬桂花茶

材料：柠檬草25克，桂花5克。

冲泡方法：将柠檬草与桂花放在杯中，倒入适量的开水冲泡，加盖闷泡5分钟后即可饮服。

功效：缓解腹泻时的小腹疼痛，抗菌，利尿。

禁忌人群：便秘者不宜饮用。

三花陈皮茶

材料：山楂、石榴皮5克，红茶3克。

冲泡方法：首先将山楂与石榴洗净后，切成小块，然后一起放入锅中与适量的水用文火煎煮3分钟，之后滤渣取汁倒入放有红茶的茶壶中，加盖闷泡3分钟即可饮用。

功效：消食，润肠，止腹泻。

禁忌人群：孕妇，便秘、肠胃虚寒的人忌用。

便秘

——生地荷叶茶

便秘是指人的排便次数明显减少、排便费力、大便干燥等症状。导致便秘的原因主要有直肠或肛门的功能性疾病；进食少、纤维素或水分吸收不足；精神紧张造成的内分泌失调等。此时，适当饮用含有荷叶、柚子、槐米等的花草茶，可以起到降火、排毒、润肠的作用。

生地荷叶茶

材料：生地30克，荷叶半张。

冲泡方法：首先将荷叶捣烂，然后将生地用适量的水煮沸，再将捣烂的荷叶与生地汁搅匀后饮服。

功效：生地性寒味甘，有治疗肠燥便秘、血热毒盛的作用，而荷叶中富含的黄酮类物质具有清热解暑、凉血止血、升发清阳的功效。

禁忌人群：因为荷叶具有润肠排便的功效，腹泻患者、孕妇禁用。

美容养颜花草知识

将30克决明子炒熟，研磨成碎末后用适量的沸水冲泡，代茶饮用，可以治疗大肠积热、气滞、寒凝引起的大便干燥。此外，取15克黄芪用500毫升的开水冲泡，调入适量的蜂蜜后饮服，也可以起到润肠通便的功效。

槐米胖大海茶

材料：槐米20克，胖大海10克，肉苁蓉30克。

冲泡方法：将全部材料放在茶杯中用适量的沸水冲泡，加盖闷泡10分钟后代茶饮服。

功效：润肠通便，清热宣肺，凉血。

禁忌人群：腹泻患者禁用。

蜂蜜柚子茶

材料：蜂蜜500克，新鲜柚子2个，盐水适量。

冲泡方法：首先将剥皮下的柚子皮撕成细丝，放入盐水中浸泡1小时，然后将去除苦味的柚子皮与柚子肉放在锅中用小火熬煮1小时，直至熬成黏糊状，之后加入蜂蜜凉饮。

功效：加速肠胃蠕动，清热去火。

禁忌人群：腹泻和糖尿病患者禁用。

金银花大黄茶

材料：金银花15克，大黄5克，适量蜂蜜。

冲泡方法：将金银花与大黄放在一起，倒入适量的开水冲泡，调入蜂蜜后饮服。

功效：清热泻火，润燥通便。

禁忌人群：腹泻患者和孕妇禁用。

第六章
缓解办公室病，赶走亚健康

办公室工作的上班族，呼吸不到新鲜空气，
运动量又少，还要每天面对辐射较强的办公仪器，
对身体有着较大的伤害。
想要拥有健康的身体，对抗亚健康，
只要每天给自己泡一杯有针对性的花草茶，
就能精神百倍地迎接挑战！

电脑辐射
——酸枣仁白菊花茶

现如今，人们的工作都离不开电脑。长时间面对电脑，会使人的皮肤老化，造成皮肤粗糙、脸部产生色斑等，甚至会引起皮肤发炎等疾病。为了减少皮肤受损，可以经常饮用含有栀子花、玫瑰花、菊花等的花草茶，既能保护皮肤，又能养肝明目。

酸枣仁白菊花茶

材料：酸枣仁10克，白菊花5克，冰糖适量。

冲泡方法：先将酸枣仁去核，放入杯中，用85℃的水冲泡10分钟左右，然后将洗净的白菊花放入，浸泡2分钟，加入适量的冰糖即可饮用。

功效：酸枣仁有养肝、宁心、安神的作用；而白菊花内含多种维生素和微量元素，具有养肝明目、清心补肾、健脾和胃、润喉生津等功效。两者搭配既可美白皮肤，又可促进皮肤新陈代谢。

禁忌人群：白菊花性寒，脾胃虚弱者禁用。

美容养颜花草知识

在生活中减少电脑辐射最简单的办法就是在每天上午喝2～3杯的绿茶。绿茶中含有丰富的维生素A原，它被人体吸收后，能迅速转化为维生素A，从而消除电脑辐射的危害，保护和提高视力。

淫羊藿玫瑰花茶

材料：淫羊藿10克，枸杞子3个，玫瑰花2克。

冲泡方法：将淫羊藿洗净与枸杞子放在水杯中用沸水浸泡5分钟后，放入玫瑰花，加盖闷泡5分钟后即可饮用。

功效：玫瑰花有疏肝理气、润肤养颜的作用；而仙灵脾性温，有养血活血、健脾的功效。

禁忌人群：血热型体质者及孕妇不宜饮用。

生地栀子花茶

材料：生地10克，栀子花3克，冰糖适量。

冲泡方法：将生地切成小块，与栀子花、冰糖一同放入杯中，用沸水冲泡10分钟左右即可饮用。

功效：排毒养颜，养血滋阴，调节内分泌。

禁忌人群：糖尿病患者禁用。

枸杞子密蒙花茶

材料：枸杞子10克，密蒙花3克。

冲泡方法：将洗净的枸杞子和密蒙花一同放入杯中，加入适量的开水冲泡，加盖闷泡10分钟左右，即可饮用。

功效：可减少电脑辐射对视觉的影响，比如视力下降、干眼症等。

禁忌人群：肺肾阴虚者禁用。

经常熬夜
——薄荷金银花茶

现在习惯熬夜的人越来越多，其实从健康的角度来讲，经常熬夜会造成内分泌失调，容易导致皱纹出现、皮肤暗淡、黑眼圈加重、失眠等。熬夜过后，我们喝一些含薄荷、玫瑰花、金银花等的花草茶，可以起到醒脑、养颜的效果。

薄荷金银花茶

材料：薄荷5克，金银花5克，玫瑰花2克。

冲泡方法：首先将薄荷洗净，放入杯中，用适量的开水冲泡5分钟后，放入金银花和玫瑰花，加盖闷泡2分钟，即可代茶饮用。

功效：薄荷性凉，有疏风散热、清醒头目的作用；而金银花含有绿原酸、黄酮类、皂苷等成分，具有清热解毒、通经活络的作用；玫瑰花又有润肤养颜、调和肝脾的功效。三者同服，既可提神醒脑，又可美容养颜。

禁忌人群：薄荷性凉，有醒脑的作用，表虚多汗、睡眠质量不好的人不宜饮用。

美容养颜花草知识

经常熬夜，会导致人体代谢失调、面部出现色斑等，而千日红含有人体所需的氨基酸、维生素C、维生素E及多种微量元素等，具有平肝熄风、明目散结、调节内分泌紊乱、补血祛斑的作用，特别是治疗内分泌紊乱引起的黄褐斑、色斑、暗疮有明显效果。将其与美容养颜的玫瑰花、蜂蜜一起饮用，可以起到润肤、促进新陈代谢的作用。

茉莉龙珠茶

材料：茉莉花5克，龙珠茶3克，枸杞子2克。

冲泡方法：首先将枸杞子和龙珠茶放入杯中，用沸水冲泡2分钟，再把茉莉花放入杯中，加盖闷泡2分钟即可饮用，饮用时可加入适量的蜂蜜。

功效：龙珠茶有助消化、清热解毒的作用；而茉莉花可以消肿理气、排毒养颜。

禁忌人群：腹泻者禁用。

薰衣草柠檬茶

材料：薰衣草干花蕾5～6颗，柠檬2片，蜂蜜适量。

冲泡方法：将干燥的薰衣草花蕾去除杂质，和柠檬片一起放入杯中，用适量的开水冲泡，加盖闷泡5分钟左右即可饮用。

功效：舒缓压力、消除疲劳，有提神醒脑、排出体内毒素、滋养肌肤的作用。

禁忌人群：柠檬性寒，脾虚胃寒者及孕妇禁用。

柠檬马鞭草红茶

材料：马鞭草 5 克，红茶 2 克，柠檬 2 片，蜂蜜适量。

冲泡方法：将所有材料放入杯中，用适量的开水冲泡 5 分钟左右，加入适量的蜂蜜，代茶饮用即可。

功效：促进消化、提神消疲、润肤养颜。

禁忌人群：孕妇禁用。

眼睛干涩
——玫瑰迷迭香茶

眼睛干涩又称“干眼症”，它是由于长时间面对电脑、电视，缺乏适时地眨眼或让眼睛休息，影响了双眼的泪液，而引起的眼干、角膜炎等症。而含绿茶、玫瑰花、杭白菊等的花草茶对眼睛干涩有很好的缓解作用，每天在办公室可以饮用1杯。

玫瑰迷迭香茶

材料：玫瑰花5克，迷迭香茶3克。

冲泡方法：将玫瑰花和迷迭香茶一起放入杯中，用适量的开水冲泡，加盖闷泡5分钟左右即可饮用。

功效：迷迭香有排出体内毒素、滋养肌肤的作用；而玫瑰花含有香茅醇、丁香油醇、苯乙醇等，具有平衡内分泌、补血气、美颜护肤的作用。两者同服，对于缓解眼睛干涩、眼疲劳效果很好。

禁忌人群：迷迭香性寒，体质寒凉、胃肠功能弱者不宜饮用。

美容养颜花草知识

眼睛干涩主要是由于长时间面对电脑工作，致使眼睛发涩、视力模糊等。此时，可以多喝些绿茶，因绿茶中含有的维生素C、维生素E，特别是茶多酚，具有很强的抗氧化活性，可以清除人体内的氧自由基，从而起到抗辐射、缓解眼部疲劳、预防和改善眼部疾病的作用。

蕃楸草绿茶

材料：蕃楸草10克，绿茶2克。

冲泡方法：将蕃楸草和绿茶放人杯中，用适量的沸水冲泡５分钟即可。饮用时可加入适量的蜂蜜或冰糖。

功效：清肝利胆，缓解视疲劳，抗氧化。

禁忌人群：蕃楸草性凉，脾胃虚弱者及孕妇不宜饮用。

麦冬花茶

材料：麦冬10克，菊花2克，枸杞子2克。

冲泡方法：将以上所有材料放人杯中，用适量的开水冲泡，加盖闷泡5分钟左右即可饮用。

功效：养阴清热，润肺止咳，养阴生津。

禁忌人群：脾胃虚弱者及孕妇禁用。

枸杞菊花茶

材料：菊花5克，枸杞子２克，绿茶２克。

冲泡方法：将枸杞子和绿茶放入杯中，用沸水冲泡５分钟，加入菊花，加盖闷泡２分钟即可饮用。

功效：菊花有疏风散热、清肝明目的作用；枸杞子可以延缓衰老、美白养颜。两者与绿茶同饮，缓解视疲劳的效果更佳。

禁忌人群：虚寒体质、腹泻者不宜饮用。

空调病
——玉兰花果茶

空调病，指长时间在空调环境下工作学习的人，因空气不流通，出现鼻塞、头昏、耳鸣、乏力、记忆力减退，以及一些皮肤过敏的症状，如皮肤干燥、咽喉疼痛等。此时，适当饮用含茉莉花、杭白菊、金银花的花草茶，可以起到很好的散热祛邪、清热解毒的功效。

玉兰花果茶

材料：玉兰花10克、苹果、柠檬各5克，冰糖适量。

冲泡方法：将苹果、柠檬洗净切成片，然后将玉兰花放入杯中，用沸水冲泡5分钟，加入切好的苹果、柠檬片和适量的冰糖，加盖闷泡2分钟即可饮用。

功效：玉兰花性温，具有祛风散寒、润肺通鼻的功效；而苹果健脾益胃、润肺益气。两者与柠檬同服，既可增强记忆力、美容养颜，又可缓解风寒头痛等症。

禁忌人群：阴虚火旺者不宜饮用。

美容养颜花草知识

经常在空调环境下工作的人，空调带来的寒气会使体内寒凉加重，所以每天早晨应该喝1杯姜汤。因为生姜有发汗解表、温肺止咳的功效，可以有效驱散体内的寒气，促进身体排汗、排毒等。

胎菊金银花茶

材料：金银花10克，胎菊5克，蜂蜜适量。

冲泡方法：将金银花和胎菊放入杯中，用沸水冲泡5分钟，加入适量的蜂蜜，即可代茶饮用。

功效：疏散风热，清热解毒，平肝明目。

禁忌人群：气虚胃寒者不宜饮用。

茉莉桂花姜茶

材料：茉莉花 5 克，桂花 5 克，生姜 2 片。

冲泡方法：将以上所有材料放入杯中，用适量的开水冲泡，加盖焖煮 5 分钟左右，饮用时可调入适量的蜂蜜。

功效：排毒养颜，驱寒解表，排出体内毒素。

禁忌人群：孕妇禁用。

雪莲红茶

材料：雪莲花10克，红茶5克，菊花2克。

冲泡方法：将以上所有材料放入杯中，用沸水冲泡5分钟左右，即可代茶饮用。

功效：驱寒化痰，暖胃，延缓衰老。

禁忌人群：红茶中的咖啡碱会使人体温上升，所以感冒发热者不宜饮用。

鼠标手

——杜仲雄花茶

“鼠标手”俗称“腕管综合征”，是指人体的正中神经以及进入手部的血管，在腕管处受到压迫所产生的症状，会导致食指和中指僵硬疼痛、麻木与拇指肌肉无力感。经常喝一些含三七花、红花、玫瑰花的花草茶，可以有效缓解手部的疼痛。

杜仲雄花茶

材料：杜仲10克，雄花5克，红花2克。

冲泡方法：将杜仲放入杯中，用沸水冲泡5分钟，加入雄花和红花，加盖闷泡2分钟左右即可饮用。

功效：杜仲有镇痛、强筋骨的作用；而红花的有效成分是黄色素和山柰酚，具有舒筋活血、祛瘀止痛的功效。两者与雄花搭配冲泡饮用，对于鼠标手有很好的效果。

禁忌人群：杜仲性温，阴虚火旺者慎用，孕妇禁用。

美容养颜 花草知识

将10克芍药花和玫瑰花放在杯中，用适量的沸水冲泡，代茶频饮，可以加速血液循环；此外，将5克杜鹃花，2克红茶，2克迷迭香和适量冰糖，用500毫升的沸水冲泡饮用，对于缓解手腕部疼痛效果很好。

迷迭香芍药花茶

材料：迷迭香5克，芍药花5克，蜂蜜适量。

冲泡方法：将迷迭香和芍药花放在杯中，加入适量的蜂蜜，用适量开水冲泡，加盖闷泡5分钟左右即可饮用。

功效：养血活血，缓急止痛，疏肝养颜。

禁忌人群：体质寒凉者不宜饮用。

三七花红茶

材料：三七花5克，茉莉花2克，红茶2克，蜂蜜适量。

冲泡方法：将三七花和红茶放在杯子里，用沸水冲泡2分钟，加入茉莉花和适量的蜂蜜，加盖闷泡5分钟即可饮用。

功效：补血祛瘀，促进血液循环。

禁忌人群：寒性体质者及孕妇不宜饮用。

玫瑰金莲花茶

材料：玫瑰花5克，金莲花5克，红茶2克。

冲泡方法：将以上所有材料放入杯中，用适量的开水冲泡，加盖闷泡5分钟即可饮用。

功效：清热解毒，活血止痛，祛瘀消肿。

禁忌人群：虚寒体质者不宜饮用。

头脑混沌

——茉莉丁香茶

头脑混沌是人们神经衰弱的一种表现，多因气血不足、过度劳累、情志不畅等因素导致。上班族经常出现头脑混沌的情况，则是工作压力大，久坐不运动而造成的。适当饮用一些含益母草、菊花、苹果花的花草茶，可以有效缓解头脑疼痛、反应迟钝等症。

茉莉丁香茶

材料：茉莉花5克，丁香花5克，新鲜柠檬2片，蜂蜜适量。

冲泡方法：将茉莉花和丁香花放在杯中，用适量的开水冲泡5分钟左右，加入准备好的柠檬和适量的蜂蜜即可饮用。

功效：茉莉花有增强免疫力、清热提神的作用；而丁香花性温，有补肾助阳、温中止痛的功效，同时，它淡淡的花香也能提神醒脑；柠檬含有大量维生素C，可以防止电脑辐射、清心醒脑。三者同饮，对于醒脑除疲劳效果很好。

禁忌人群：阴虚内热者不宜饮用。

美容养颜花草知识

头脑混沌主要是由气血不足造成，山药味甘、性平，具有健脾补肺、益胃补肾、活血补气的作用。将新鲜的山药去皮，切成小块，与排骨一起煮汤，经常饮用，可以调理气血；每天用3颗大枣，2克枸杞子泡水喝，也可养血安神、补中益气。

桂圆红枣茶

材料：桂圆5克，大枣2颗，玫瑰花2克。

冲泡方法：将桂圆去核，与大枣、玫瑰花放在杯中，用适量开水冲泡，加盖闷泡5分钟即可饮用。

功效：安神定志，护脾养胃，益智宁心。

禁忌人群：孕妇不宜饮用。

山楂荷叶茶

材料：山楂10克，荷叶5克，蜂蜜适量。

冲泡方法：将山楂洗净切成片，与荷叶一起放入杯中，加入适量的蜂蜜，用适量的开水冲泡，加盖闷泡5分钟即可饮用。

功效：补脾益胃，益智醒脑，促进新陈代谢。

禁忌人群：脾胃虚弱者忌饮。

薰衣草大枣茶

材料：薰衣草5克，大枣2颗，红茶2克。

冲泡方法：将以上材料放在杯子里，用适量的开水冲泡，加盖闷泡5分钟即可饮用，饮用时可加入适量的蜂蜜。

功效：安神降压，提神醒脑，促进血液循环。

禁忌人群：贫血、神经衰弱者禁用。

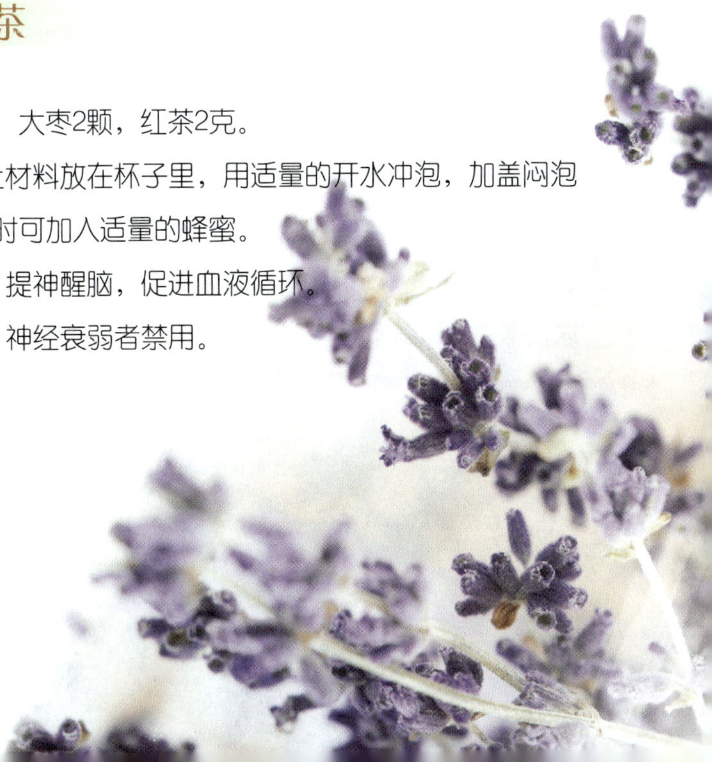

眼睛水肿

——决明子菊花茶

眼睛水肿主要是由于血液循环能力差，使得前天晚上喝的水无法有效排出，然后大量集中在眼部所致。平常我们要注意饮食和睡眠，不要在睡前喝太多的水；也可以多喝一些含菊花、枸杞子、金银花等的花草茶。

薄荷金银花茶

材料：金银花10克，薄荷叶5克，菊花2克，枸杞子2克。

冲泡方法：将金银花、菊花和枸杞子放入杯中，用适量的开水冲泡5分钟左右，再将薄荷叶放入杯中，加盖闷泡2分钟即可饮用。

功效：金银花有清热解毒、疏散风热的作用；薄荷叶含有薄荷油、薄荷霜，具有泻火利湿、止痛的功效；而枸杞子则可以平肝明目、养血安神。三者与菊花搭配，可以有效消除眼睛水肿。

禁忌人群：金银花、菊花均性凉，寒性体质者不宜饮用。

美容养颜花草知识

平时我们可以将喝完的茶叶用纱布包好，敷在眼睛上，这样对于缓解眼睛水肿很有效；或将10克菊花，5克芙蓉花，5克洋甘菊一起用热水冲泡，每天早、晚各一杯，长期饮用，也可消除眼睛水肿。

冰糖菊花茶

材料：菊花10克，冰糖适量。

冲泡方法：将菊花放入杯中，加入适量的冰糖，用适量的沸水冲泡5分钟即可饮用。

功效：疏风散热，清热解毒，清肝明目。

禁忌人群：脾胃虚弱者禁用。

决明子枸杞茶

材料：决明子10克，枸杞子2克，番泻叶2克。

冲泡方法：将决明子和枸杞子放入杯中，用适量的热水冲泡5分钟左右，再将番泻叶放入杯中，加盖闷泡2分钟即可饮用。

功效：清肝明目，行水消肿，抗菌消炎。

禁忌人群：孕妇不宜饮用。

洛神菊花茶

材料：洛神花5克，菊花2克。

冲泡方法：将菊花和洛神花放在杯子里，用500毫升的热水冲泡5分钟左右即可饮用。

功效：调节内分泌，清热泻火，去水肿。

禁忌人群：脾胃虚寒、腹泻者禁用。

下肢水肿
——马鞭草迷迭香茶

下肢水肿是由下肢部分血液流通不顺畅造成。上班族由于长时间坐着，很容易造成下肢水肿。我们平时除多运动之外，可以喝一些含有番泻叶、泽泻、槐花等的花草茶来消除水肿。

马鞭草迷迭香茶

材料：马鞭草10克，迷迭香叶5克，柠檬草5克，冰糖适量。

冲泡方法：将上述材料放入杯中，加入适量的冰糖，再用适量的沸水冲泡5分钟即可饮用。

功效：马鞭草有活血化瘀、消除水肿的作用；柠檬草有健脾胃、利尿的功效；而迷迭香可以促进血液循环。三者同服，对于消除水肿有很好效果。

禁忌人群：腹泻者不宜饮用。

美容养颜花草知识

将赤小豆、花生、大枣各100克，以及少许冰糖，放入锅内加适量的水煎煮，既可消除水肿，又可补血安神。除此之外，还可将绿豆100克，薏米100克，一起放在锅内加水煎煮，经常服用，可以有效缓解水肿。

芙蓉荷叶茶

材料：芙蓉花5克，荷叶5克，柠檬2片。

冲泡方法：将芙蓉花和荷叶放入杯中，用500毫升的沸水冲泡5分钟，再放入柠檬，闷泡2分钟即可饮用。

功效：凉血止血，消肿止痛，美容降脂。

禁忌人群：女性经期不宜饮用。

柠檬枸杞茶

材料：柠檬草5克，玫瑰花2克，杭白菊2克，枸杞子2克。

冲泡方法：将所有材料放入杯中，用适量的沸水冲泡5分钟即可饮用。

功效：促进新陈代谢，消肿去湿，和胃养肝。

禁忌人群：腹泻者禁用。

玫瑰茯苓茶

材料：玫瑰花5克，茯苓2克，乌龙茶2克。

冲泡方法：将以上材料放入杯中，用适量的热水冲泡，加盖闷泡5分钟左右，饮用时可以加入适量的冰糖或蜂蜜。

功效：促进循环，生津利尿，消除疲劳。

禁忌人群：孕妇不宜饮用。

腰酸背痛

——向日葵牡丹花茶

腰酸背痛是指工作长时间保持一个姿势时，过度劳累，致使腰部发酸、背部发痛症状出现。引发腰酸背痛的原因很多，主要有肾虚、缺少蛋白质、身体局部有炎症等。一些含百合、金盏花、红花等的花草茶，可以有效缓解腰酸背痛症状。

向日葵牡丹花茶

材料：牡丹花10克，向日葵花5克，枸杞子2克。

冲泡方法：将枸杞子放入杯中，用适量的热水冲泡5分钟左右，再放入牡丹花和向日葵花，加盖闷泡2分钟即可饮用。

功效：牡丹花有清热凉血、活血化瘀的作用；枸杞子有补肾益精、延缓衰老的功效；而向日葵花则有利尿消炎、平肝止痛的作用。三者同服，既可消除疲劳，又可养血散郁。

美容养颜花草知识

将100克干百合洗净，与150克蜂蜜一同放在锅内加适量的水煎煮3小时，待凉后即可服用，每天早晚各一汤匙，具有清心安神、生津补肾的作用；还可将50克柚子皮，50克柚子果肉，加入适量的冰糖，放在锅内加适量的水煎煮，每日早晚各一次，有促进血液循环、缓解关节部位疼痛等作用。

禁忌人群：牡丹花性凉，血虚有寒者、孕妇及月经过多者不宜饮用。

玫瑰百合茶

材料：玫瑰花10克，百合5克，金盏花5克。

冲泡方法：将以上材料放入杯中，用适量的热水冲泡，加盖闷泡5分钟即可饮用。

功效：抗菌消炎，消除疲劳，凉血止痛。

禁忌人群：脾胃虚寒者不宜饮用。

洋甘菊菩提子茶

材料：洋甘菊5克，薰衣草5克，菩提子3克。

冲泡方法：将菩提子放入杯中，用适量的沸水冲泡2分钟，再放入洋甘菊和薰衣草，加盖闷泡2分钟左右即可。饮用时可以加入适量的冰糖和蜂蜜。

功效：缓解疲劳，祛斑美白，促进血液循环。

禁忌人群：寒性体质者不宜饮用。

雪莲红花茶

材料：天山雪莲花5克，红花5克，月季花5克，玫瑰花5克。

冲泡方法：将所有材料放入杯中，用适量的沸水冲泡5分钟左右即可饮用。

功效：雪莲花具有祛寒、止痛的功效，用于治疗腰痛、肾虚等症有很好的效果；而月季花有消肿止痛、促进新陈代谢的功效。若长期饮用该茶饮，可以有效缓解腰酸背痛的症状。

禁忌人群：寒性体质者及孕妇禁用。

烟酒不离口

—— 玉蝴蝶人参茶

现如今，由于工作的原因，人们的应酬也随之变多，往往烟酒不离口，从而致使肺部、肝脏等出现病变。而一些含百合、柠檬草、桂花的花草茶，都有很好的润肺保肝作用，不妨在办公室每天饮上一杯。

玉蝴蝶人参茶

材料：玉蝴蝶花10克，百合3克，人参2克，冰糖适量。

冲泡方法：将人参放入杯中，用适量的沸水冲泡5分钟左右，再将百合和玉蝴蝶放入杯中，加入适量的冰糖，加盖闷泡2分钟左右即可饮用。

功效：玉蝴蝶有润肺、疏肝、和胃的作用；百合有止渴化痰、清热安神的功效；而人参则可以补脾益肺、和胃保肝。三者同饮，具有润肺保肝的作用。

禁忌人群：百合性寒，风寒咳嗽、脾胃虚弱者不宜饮用。

美容养颜花草知识

将南瓜藤50克，放在锅内加适量的水煎煮，饮用时加适量的红糖，每日两次，经常服用，可以有效控制抽烟的欲望；还可将12克鲜地龙，12克鱼腥草，15克远志，加500毫升水，放入锅中煎至250毫升，再把它放凉，每天早晨空腹服用，对于戒酒效果很好。

润肺茶

材料：紫罗兰5克，桂花5克，冰糖适量。

冲泡方法：将桂花和紫罗兰放人杯中，加入适量的冰糖，用沸水冲泡5分钟左右即可饮用。

功效：紫罗兰有清热、润肺的作用；而桂花有平肝、化痰的功效。此款茶饮能清心利肺、保肝护肝。

禁忌人群：低血压、寒性体质者不宜饮用。

薰衣草薄荷茶

材料：薰衣草5克，薄荷5克，紫罗兰2克。

冲泡方法：将以上材料放人杯中，用适量的热水冲泡，加盖闷泡5分钟左右即可饮用。

功效：疏风散寒，保肝润肺，美容养颜。

禁忌人群：体虚多汗者不宜饮用。

银杏百合茶

材料：银杏叶5克，百合5克，白雪茶5克。

冲泡方法：将所有材料放入杯中，用适量的沸水冲泡5分钟左右即可。饮用时可以加入适量的冰糖。

功效：银杏叶有清除自由基、宁心润肺的作用；而白雪茶有排毒养颜、清肝明目的功效。两者与百合搭配，有很好的润肺效果。

禁忌人群：贫血者不宜饮用。

第七章 调理脏腑，益气补血气色好

健康的身体是人进行正常的生理活动和心理活动的资本，
在养生、强身时，将心、脾、胃、肝等脏腑调理好，
是消除身体病痛与不适的根本所在。
许多花草茶有疏肝利胆、暖胃养胃、补气益血的作用，
要想拥有好气色，只需每天饮用一杯花草茶。

养心安神
——灵芝草茶

心脏是人体的“发动机”，血液通过心脏的搏动流向全身的血管，为人体提供营养物质和氧气，从而维持正常的身体功能。心脏功能下降，直接影响肝、肾、脾等器官的代谢，气血不足的人多表现为面色暗黄、无华、苍白，肌肤没有光泽和弹性，身体容易疲劳、精神萎靡等症状。所以，养护心脏、安神定志是滋养肌肤、养生保健的关键。

灵芝草茶

材料：灵芝草6克。

冲泡方法：将灵芝草放在杯中，倒入300毫升的开水冲泡15分钟后，即可饮服。

功效：灵芝草中特有的灵芝酸具有调节人体新陈代谢、提高人体免疫力、全面调养气血的功能。此外，经常饮用灵芝茶可以有效预防心绞痛、冠心病、心肌缺血、高脂血症等心血管疾病。

红枣桂圆茶

材料：红枣1枚，桂圆1颗，丹参、生晒参、绞股蓝、酸枣仁各1克。

冲泡方法：将全部材料混合后放在保温杯中，倒入适量的开水冲泡，加盖闷泡10分钟后，即可饮服。

功效：软化血管，安神养心，补血行血。

禁忌人群：经期女性和体质较热的人禁用。

人参枸杞茶

材料：人参花4朵，枸杞子6粒，红茶1克，生晒参3克，红枣2枚，千日红1朵。

冲泡方法：将全部材料放在一起，用适量的开水冲泡，加盖闷泡10分钟后，即可代茶饮服。

功效：养心安神，补血益气，补肝益肾。

禁忌人群：孕妇、经期女性和体热的人禁用。

调养脏腑这样做

经常饮用含有酸枣仁、柏子仁、薰衣草、夜交藤、桂圆等的花草茶可以有效缓解心神不安引起的失眠、心悸、健忘、大便干燥、皮肤暗黄、无光泽等症状。此外，将当归、川芎、红枣与动物的肝脏一起煎煮食用，同样可以起到补血行血、益气养心的作用。除此之外，适当的户外运动如骑车、游泳、跑步等，还有合理的饮食和作息习惯对养心行血、安神定志也非常重要。

暖胃养胃
——山楂麦芽茶

胃是人体主要的消化和吸收器官，是食物的储存场和加工厂，主管人体营养的吸收和运输。一个人的胃是否健康，可以从面部皮肤的好坏看出。胃功能受阻的人经常会消化不良、胃胀、胃痛、腹泻，从而造成人体营养缺失，身体瘦削、面色苍白、皮肤粗糙。长此以往，食物中营养不能被充分吸收，人的身体健康也会出现问题。因此，要想使我们的肌肤更加有光泽，养胃健胃是关键。

山楂麦芽茶

材料：炒山楂片3片，炒麦芽10克，红糖适量。

冲泡方法：将山楂片与炒熟的麦芽放在煮锅中，用适量的水煎煮成黏稠状时，加入红糖，搅匀后即可饮用。

功效：山楂中含有丰富的维生素、山楂酸、苹果酸、蛋白质、钙、磷等营养元素，有健脾开胃、消食化积、增强食欲、改善睡眠的功效；炒麦芽主治食积不消、腹胀胃痛等病症。

禁忌人群：因山楂中含有大量酸性物质，脾胃虚弱和病后体虚之人禁用。

勿忘我腊梅茶

材料：勿忘我、洋甘菊各5克，腊梅花4克。

冲泡方法：将全部材料混合后放在保温杯中，倒入500毫升的开水冲泡，加盖闷泡5分钟后，即可饮服。

功效：清肝保胃，缓解胃胀、胃痛。

禁忌人群：体寒、胃寒的人慎用。

丁香白术茶

材料：丁香5克，白术、茯苓各3克。

冲泡方法：将全部材料放在一起，用适量的开水冲泡，加盖闷泡10分钟后即可饮服。

功效：丁香有行气止痛、温胃驱寒的功效；白术和茯苓益气健脾、温中养胃。

禁忌人群：胃痛有火、郁结气滞的人禁用。

调养脏腑这样做

平时饮食忌油腻、饱食、硬食、甜食和浓茶、咖啡等。经常饮酒和食用辣椒、葱、蒜等辛辣食物，也会刺激胃肠黏膜，不利于胃肠的蠕动和消化，甚至会造成痉挛缺血。正所谓“小米养胃”，每天喝一碗小米粥，有消食化滞、健胃顺气的功效。而经常饮用含有洋甘菊、丁香、白术、白芍、山楂等具有养胃、健胃功效的花草茶，可以有效缓解胃肠不适。此外，养胃还要养成健康的饮食习惯，少食多餐、尽量不要吃得太饱，早餐要营养、午饭要吃饱、晚餐要少吃，切忌暴饮暴食。

补益肺气
—— 杏仁桂花茶

肺是人体用来呼吸，进行气体交换的器官，主宰一身之气的生成和运行。人们常说的“气色”，和肺脏有十分紧密的联系。一个人身体好坏、体内气是否充足，能从脸色中看出；而想让脸色红润好看，最根本的在于补气。说到补气，最重要的就是要补肺气。肺气不足不仅会使皮肤粗糙、暗淡，还会引发各种病症，如风疹、过敏等。要想皮肤光滑细腻，应从补肺气入手。

杏仁桂花茶

材料：南杏仁10克，桂花干品6克。

冲泡方法：将南杏仁和桂花一起放入杯中，倒入沸水，盖上杯盖闷泡约10分钟即可饮用。

功效：南杏仁富含蛋白质和植物脂肪，有润燥、补肺、滋养肌肤的功效；桂花具有美白肌肤、排解毒素、止咳化痰、养阴润肺的作用。此款茶饮能增补肺气，散寒破结，化痰止咳，还对声音沙哑有一定的缓解作用。

禁忌人群：因桂花辛温，体质偏热、腹泻、阴虚咳嗽者，产妇及婴幼儿不宜饮用。

黄芪红枣茶

材料：黄芪3克，沙参6克，红枣2颗。

冲泡方法：将红枣去核，与黄芪、沙参一起放入杯中，加入250～300毫升沸水，加盖闷泡3～5分钟即可饮用。

功效：补气升阳、祛风散寒，防止喉咙干燥发痒。

禁忌人群：急性发炎及发热患者不宜饮用，否则将加剧病痛。

金莲花茶

材料：金莲花3～5克。

冲泡方法：取金莲花放入杯中，用开水冲泡5分钟即可饮用。也可加入金盏花2～3朵一起冲泡。此款茶饮味道偏苦，可加入适量冰糖调味。

功效：清热解毒、润肺、提神健胃，对治疗咽喉炎、扁桃体炎均有明显疗效。

禁忌人群：切勿长期加量饮用，因为会伤肾；孕妇禁用。

调养脏腑这样做

平时应清淡饮食，梨、葡萄、柿子、百合、菊花、枇杷叶、沙参、生地等草本植物或水果，均能起到润肺养肺的作用，可以根据情况食用或制成花草茶饮用。另外，肺气的强弱不仅与饮食习惯有关，也与生活习惯有关。女性要补肺气，除了通过花草茶、药膳等加以滋补，更要注意养成规律的生活习惯。熬夜、吸烟等很容易导致肺气虚弱。生活在污染严重的环境中，也会使肺部受到侵袭，所以最好在室内悬挂一些净化空气的植物，如吊兰、绿萝、常春藤等。

健脾化湿
——白术贡菊茶

脾脏是人体最大的淋巴器官，主管血液的过滤与储存，是气血生化的源头，对细胞免疫和体液免疫功能的强弱有重大影响。脾失健运会导致消化、吸收、运输营养的功能失常，抑制人的食欲，出现腹胀、身体消瘦、精神萎靡等症状。一旦脾脏运化水液的功能减弱，体内的水液会淤积、停滞，形成痰饮、水肿等病症，而长期的内分泌失调会使肌肤红肿、发干、发黄、长痘。因此，健脾化湿，排出体内多余的水分和积聚的毒素，是净化血液、健康身心的当务之急。

白术贡菊茶

材料：白术10克，贡菊6克。

冲泡方法：将白术与贡菊放在保温杯中，用500毫升的开水冲泡，加盖闷泡15分钟后，即可代茶饮服。

功效：白术具有健脾益气、止汗、祛湿利水的功效，适宜脾虚食少、腹胀、水肿的患者食用；而贡菊疏风散热、清凉解毒，具有利气血、治肿痛、健脾胃的功用。脾胃失调、痰多咳嗽的人将两者共用，效果会更加明显。

禁忌人群：由于贡菊性微寒，胃寒、体虚的人和孕妇禁用。

荷叶茶

材料：新鲜荷叶2片。

冲泡方法：将荷叶撕成小块后放在保温杯中，倒入适量的开水冲泡，加盖闷泡5分钟后，即可饮服。

功效：荷叶含有丰富的莲碱、柠檬酸、苹果酸，具有解热、祛湿、凉血、止血、健脾的功效。

禁忌人群：腹泻患者和体寒的人慎用。

木棉白术茶

材料：木棉花2克，白术3克，绿茶3克。

冲泡方法：将全部材料放在一起，用适量的开水冲泡，加盖闷泡5分钟后，即可饮服。

功效：健脾利湿，润肺止咳，止血凉血。

禁忌人群：腹泻患者禁用。

调养脏腑这样做

平时饮用一些含有白术、贡菊、木棉花、荷叶等的花草茶，可以起到利水、利尿、健脾祛湿、消除水肿的功效。日常生活中应注意保持心情舒畅，尽量避免过度疲劳，少食辛辣刺激食物，以减轻脾胃负担。还要多食用利于消化、吸收的蔬菜和水果，以补充人体所需的营养元素和水分。此外，散步、打太极、慢跑等户外活动也可以有效缓解脾胃不适的症状。

疏肝利胆

——菊槐茉莉清火茶

肝脏是人体内以代谢为主的器官，具有分解体内有毒物质，摄入蛋白质、脂肪、维生素等营养物质，分泌胆汁，促进消化、吸收和增强人体免疫力的功能。胆囊是人体内浓缩和储存胆汁，帮助消化和吸收脂肪的重要器官。一旦人的肝胆功能失常，会影响人体营养物质的正常吸收，导致某些毒素在体内长期积聚而难以排出，严重危害人体的健康。因此，疏肝解郁、清火排毒，是我们增加营养、强健体魄的根源。

菊槐茉莉清火茶

材料：菊花4克，槐花3克，茉莉花8克。

冲泡方法：将全部材料放在保温杯中，倒入500毫升的沸水冲泡，加盖闷泡5分钟后，即可饮服。

功效：菊花中富含的黄酮类、氨基酸和多种微量元素，具有清热解毒、平肝明目的作用；槐花中含有的糖类、槐花二醇、维生素等物质，可以消除水肿、凉血止血、防止动脉硬化；茉莉花气味芳香、味道甘醇，有益气养颜、保肝护胃的作用。

禁忌人群：糖尿病患者、经期女性和脾胃虚寒的人禁用。

柠檬迷迭香茶

材料：柠檬草10克，迷迭香6克。

冲泡方法：将柠檬草与迷迭香放在保温杯中，倒入500毫升的开水冲泡，加盖闷泡5分钟后，即可饮服。

功效：清火解毒、疏肝理气，加强肝脏的代谢功能，平衡内分泌。

禁忌人群：腹泻患者和脾胃虚寒的人慎用。

玉美人七彩菊茶

材料：玉美人10克，七彩菊6克。

冲泡方法：将玉美人与七彩菊放在保温杯中，倒入300毫升的沸水冲泡，加盖闷泡5分钟后，即可饮服。

功效：平肝息风，清热解毒，清肝利胆，明目，美容。

禁忌人群：脾胃虚寒和腹泻患者禁用。

调养脏腑这样做

因为肝脏分解和吸收脂肪的能力有限，所以平时不要摄入太多动物油脂和含脂肪较多的食物，以免造成脂肪堆积，形成脂肪肝。建议多吃一些新鲜的水果、蔬菜和清淡的食物，这样既可以补充维生素，又有利于保护肝脏。适量饮酒有活血、通经、生发肝脏阳气的作用，但切忌贪杯，以免伤身。此外，保持愉快心情和适量参加运动，如踏青、散步、打球等，也能怡情养肝、强身健体。

护肾排毒
—— 金银花莲心茶

肾脏是人体的主要排泄器官，具有生成尿液，排出体内代谢废物，维持体内钠、钾、钙等元素的平衡，调节内分泌和维持内部环境稳定的作用。而肾功能减退会使人出现腰酸腰痛、精神萎靡、失眠多梦、性功能低下、头晕、耳鸣等症状。肾虚患者多有面部、肢体水肿，盗汗，口干的现象。因此，及时排除体内的毒素，净化体液和血液是强壮肾脏的主要通道。

金银花莲心茶

材料：金银花8克，莲心3粒，薄荷5克。

冲泡方法：将全部材料混合后放在保温杯中，倒入适量的开水冲泡，加盖闷泡5分钟后，即可饮服。

功效：金银花与薄荷都具有清热解毒、温热散湿、利水的功效；莲心中富含的莲心碱、荷叶碱、牛角花素等物质，可以起到清热、安神、排毒的功用。三者一起服用，可以有效治疗水肿、肾虚。

禁忌人群：由于莲心性温味甘，便秘的人不适宜食用。

枸杞决明子茶

材料：枸杞子12克，决明子10克，绿茶8克。

冲泡方法：将决明子与枸杞子用清水洗干净后，放在盛有绿茶的茶壶中，倒入适量的沸水冲泡，加盖闷泡10分钟后，即可饮服。

功效：滋补肾脏，利水，利尿，排毒养颜。

禁忌人群：腹泻患者和体寒的人慎用。

迷迭香蒲公英茶

材料：迷迭香6克，蒲公英4克。

冲泡方法：将迷迭香与蒲公英放在保温杯中，用适量的沸水冲泡，加盖闷泡10分钟后，即可饮服。

功效：利水，利尿，排毒，强化肾脏。

禁忌人群：体寒的人不能食用蒲公英。

调养脏腑这样做

平时多食用芝麻、山药、鲈鱼、栗子、干贝、海参等食物，可以起到补肾壮腰、益筋骨、除腰痛的功效。少食或忌食柿子、洋葱、丁香、胡椒、薄荷、菊花、白酒、生萝卜等辛辣或不易于消化的食物。而长期饮用一些含有蒲公英、迷迭香、金银花、决明子等可以排毒散热、利水利尿、滋补肾脏的花草茶，养肾的效果会非常明显。此外，打太极拳是一项以腰部为枢纽的运动，有强壮肾脏的功能。

清理肠道
——槐角乌龙茶

人体内的肠道器官主要有小肠和大肠，小肠的功能是吸收营养，而大肠的功能是消化和吸收食物中的纤维，进而排出食物残渣。大小肠功能失调会引起腹痛、腹胀、便秘、腹泻等消化系统疾病。而肠胃不好的人，多会出现面部皮肤粗糙、暗黄、毛孔粗大等肌肤问题。此时，清理肠道、润肠通便，加强肠黏膜的消化和吸收能力非常重要。

槐角乌龙茶

材料：槐角18克，乌龙茶3克，首乌30克，冬瓜皮18克，山楂肉15克。

冲泡方法：将全部材料放在煮锅中，倒入适量的清水，先用大火煮沸，然后用温火慢煮5分钟，待微凉后，取汁饮服。

功效：山楂中含有丰富的果酸，有消食化积、润肠通便的功用；冬瓜皮中含有丰富的蛋白质、维生素C、糖类等物质，有消除水肿、利水化湿、利尿的功效；槐角味道甘醇，有润大肠、凉血通便、疏风热的作用。

禁忌人群：因山楂中含有大量的果酸，胃酸过多和腹泻患者禁用。

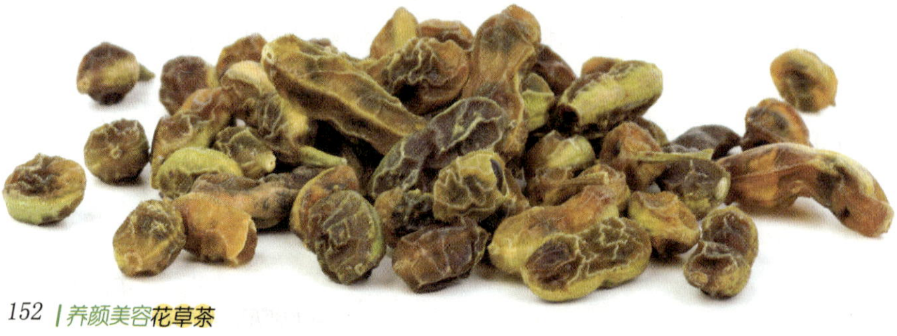

洛神玫瑰花茶

材料：洛神花6克，紫玫瑰3朵。

冲泡方法：将洛神花与紫玫瑰放在水杯中，倒入适量的开水冲泡，加盖闷泡5分钟后，即可饮服。

功效：加速肠胃蠕动，促进食物消化，清除宿便。

禁忌人群：洛神花中含有大量的有机酸，胃酸的人禁用。

菊花山楂茶

材料：菊花5克，山楂5克，金银花3克。

冲泡方法：将以上材料放在杯中，加入适量的沸水，冲泡5分钟左右，代茶饮用即可。

功效：清热解毒，促进肠道蠕动、降脂。

禁忌人群：金银花、菊花均偏凉性，寒性体质的人不宜饮用。

菊花普洱茶

材料：菊花5克，普洱6克。

冲泡方法：将菊花与普洱放在保温杯中，倒入适量的开水冲泡，加盖闷泡10分钟后，即可饮服。

功效：去除油腻，分解脂肪，润肠通便。

禁忌人群：胃寒、体虚的人慎用。

调养脏腑这样做

平时多食用一些养胃的食物，如小米、山药、菠菜、谷物、大枣、豆制品、木瓜等。尽量不吃辣椒、生葱、蒜。也不要吃过甜的食物，因为糖在体内会转化成酸性物质，增加肠胃负担。此外，建议饮用含有茯苓、山楂、菊花、洛神花、冬瓜、槐角等的花草茶，可以起到润肠通便、利水、利尿、分解脂肪的功效。此外，散步、骑车、游泳等简单的户外锻炼可以起到加速胃肠蠕动的功效。

第八章

顺应四季喝茶，季节变化不再怕

随着季节变化，人体的内部环境也会随之变化，
稍不注意，便会引发疾病。
如此，不仅影响工作和生活，还会让人烦躁、易怒。
饮用适合自己体质的花草茶，
能助你清热解毒、焕发精神、暖胃、御寒等，
是一年四季与你相伴的最佳饮品。

春季——喝解困生阳茶

春季，是一个万物复苏、生机勃勃的季节，但是，由于人体末梢的细血管仍处于收缩状态和代谢功能的增强，脑组织供氧不足，人们经常会感到精神不振、昏昏欲睡、容易疲劳，而且皮肤干燥、粗糙。因此，经常饮用一些具有提神醒脑作用的花草茶，可以令你在这个春意盎然的季节更加神采飞扬。

薰衣草柠檬茶

材料：薰衣草干花蕾6颗，柠檬片3片。

冲泡方法：将干燥的薰衣草花蕾与柠檬片放在保温杯中，倒入适量的沸水冲泡，加盖闷泡5分钟后，即可饮服。

功效：薰衣草具有消除疲劳、缓解压力、令人心情愉悦的作用；而柠檬的清香和其中富含的柠檬酸，可以刺激人的神经细胞、令人精神振奋。

禁忌人群：柠檬中含有大量酸性物质，胃酸的人禁用。

茉莉花茶

材料：茉莉花10克。

冲泡方法：将茉莉花放在杯中，用适量的沸水冲泡，加盖闷泡10分钟后即可饮用。

功效：安定情绪，健脾化湿，振奋精神，滋养肌肤。

薄荷薰衣草茶

材料：薄荷3克，薰衣草、金盏花各5克，甜叶菊1克。

冲泡方法：将全部材料放在保温杯中，倒入适量的开水冲泡，加盖闷泡15分钟后，即可代茶饮用。

功效：止痒，提神醒脑，疏风散热。

禁忌人群：薄荷性凉，体寒、阴虚的人慎用。

调养脏腑这样做

缓解春困，除了饮用含有薄荷、柠檬、茉莉花、薰衣草等可以振奋精神、缓解疲劳的花草茶，还可以多食红豆、苹果、豆腐、洋葱、草莓、菠菜、橘子等弱碱性食物，中和体内的酸性代谢产物，从而消除疲劳。此外，摄取足够的蛋白质和氨基酸可以使大脑产生大量的警觉化学物质，因此，多食用一些瘦肉、鸡蛋、鱼和奶类，能够帮助提高人的精力。而经常参加一些体育运动，如打球、游泳、爬山等，也可以促进血液循环、有益于大脑保持清醒。

夏季
——喝清热解毒茶

夏季是一年中气温最高的季节，天气燥热，使人们更加容易心烦气躁、心情不佳，加之大量食用冷饮，从而造成体内积聚的毒素越来越多。而一旦体内的毒素不能及时排出，病毒性感冒、腹泻、肠炎等疾病就会接踵而来，使人精神萎靡、皮肤粗糙、食欲不振。因此，若想使自己度过一个清爽、宜人的夏季，彻底清除体内的毒素是关键。

绿豆薏米茶

材料：绿豆10克，薏米6克。

冲泡方法：将绿豆和薏米用清水洗净后，放在煮锅中用适量的水煎煮，待水熬至剩下一半时熄火，取出汤汁饮服。

功效：绿豆性凉味甘，可以有效补充人体内流失的水分，使人体的电解质保持平衡，达到健脾止泻、补充水分、清热解毒、润肠理气、消暑除烦的功效；而薏米可以起到清热排脓、消除水肿、利水渗湿的作用。

禁忌人群：因为绿豆与薏米性寒，所以腹泻患者和体质虚弱的人禁用。

金莲花茶

材料：金莲花6克。

冲泡方法：将金莲花放在保温杯中，倒入适量的开水冲泡，加盖闷泡10分钟后，即可饮服。

功效：金莲花性寒味苦，有清热解毒、养肝明目、消炎、提神、止痛的功效。

禁忌人群：脾胃虚寒的人禁用。

菊花蜂蜜茶

材料：菊花8克，蜂蜜2匙。

冲泡方法：将菊花放在保温杯中，用适量的开水冲泡，调入蜂蜜后搅匀，加盖闷泡5分钟后，即可饮服。

功效：疏肝解郁，清凉散热，排毒养颜，降火明目。

禁忌人群：糖尿病患者禁用。

调养脏腑这样做

在酷暑难耐的夏季，经常饮用含有菊花、绿豆、薏苡仁、金莲花、薄荷、荷叶等的花草茶，不仅可以清热排毒、润肠通便，还可以滋养肌肤、安神定志、使人精神愉悦。此外，平时多吃些樱桃、苹果、葡萄、草莓等排毒水果和菠菜、地瓜菜、西洋菜、油菜等可以吸附肠道有毒物质的蔬菜，同样可以促进新陈代谢、排出毒素。而经常运动、到户外呼吸新鲜的空气，可以加速血液的循环，使肌肤在获得养分的同时，排出体内的废物。

秋季

——喝滋润生津茶

秋季的气候较干燥，饮食不慎就很可能引发咳嗽、咽喉肿痛等支气管疾病，而鼻炎、咽炎等慢性呼吸系统疾病也多发生在这个季节。由于空气中缺乏水分，人的皮肤会普遍变得干燥、暗黄，面部没有光泽、肌肤失去弹性。此时，经常饮用一些可以润肺生津、去火理气、疏肝解郁的花草茶，润燥的效果会非常明显。

茉莉花茶

材料：茉莉花5克，绿茶4克。

冲泡方法：将茉莉花与绿茶放在水杯中，倒入适量的沸水冲泡，加盖闷泡5分钟后，即可饮服。

功效：茉莉花气味芬芳、味道甘醇，具有醒脾开胃、促进食欲、润肺去火、生津止渴的功效；绿茶中含有丰富的茶多酚，可以有效缓解肝火旺盛、口干舌燥等症状。

禁忌人群：绿茶性寒，所以体质虚寒和腹泻的人禁用。

菊花茶

材料：菊花8克，蜂蜜适量。

冲泡方法：将菊花放在杯中，用500毫升的沸水冲泡，调入蜂蜜后搅匀，加盖闷泡5分钟后饮服。

功效：散风清热、消炎解毒，缓解口干、火旺、目涩等秋燥症状。

禁忌人群：体质虚寒的人慎用。

洛神冰糖茶

材料：洛神花8克，冰糖10克。

冲泡方法：将洛神花与冰糖放在杯中，倒入适量的开水冲泡，加盖闷泡10分钟后搅匀，即可饮服。

功效：提神醒脑，平肝降火，生津止渴，利水，利尿。

禁忌人群：胃酸过多者不宜饮用。

调养脏腑这样做

日常饮食中，我们可以饮用一些含有洛神花、菊花、茉莉花等的花草茶，以达到滋润生津的功效。还可以多饮用或食用含有胡桃、莲藕、红枣、花生、胡萝卜、海带、番茄、人参、枸杞子等的饮品、食物，帮助润肠去燥、养血生肌、清热降火、止咳化痰。此外，多吃新鲜、多汁的水果如苹果、葡萄、梨等，也可以起到生津止渴、润肺去火的作用。平时尽量少食或忌食辣椒、葱、蒜等辛辣食物，同时，忌烟忌酒对于预防呼吸道疾病的发生尤其重要。

冬季

——喝驱寒养胃茶

冬季，室内和室外的气温普遍都较低，人体的代谢功能和免疫力也会随之下降，体质较弱的人多在此时暴发疾病。脾胃虚寒的人经常会出现手脚冰凉、面色苍白、食欲不振等症状。经常饮用含有甘草、生姜、桂枝、肉桂等具有驱寒散湿、温胃、养胃功效的花草茶，是我们抵御寒冷、预防疾病、保持身体健康的关键步骤。

桂枝芍药茶

材料：桂枝、甘草、芍药和生姜各3克，红枣1颗。

冲泡方法：将全部材料混合后放在杯中，倒入适量的沸水冲泡，加盖闷泡10分钟后，即可饮服。

功效：桂枝具有补虚暖胃、疏通体表热气的功效；生姜可以温胃驱寒、发热排毒；而红枣具有滋阴补血、调理脾胃的功用。

禁忌人群：阴虚和血热的人禁用。

白术茯苓茶

材料：白术、茯苓各5克，小茴香4克，干姜3克。

冲泡方法：将全部材料放在一起，用500毫升的沸水冲泡，加盖闷泡10分钟后，即可饮服。

功效：调和脾胃、利水除湿、行气止痛，有效缓解腹痛、胃痛的症状。

禁忌人群：阴虚患者禁用干姜。

党参麦芽茶

材料：党参、黄芪各5克，炒麦芽4克，肉桂0.5克。

冲泡方法：将全部材料放在水杯中，倒入适量的沸水冲泡，加盖闷泡15分钟后，即可代茶饮服。

功效：补脾健胃，活血益气，暖脾肾。适合手脚冰冷、食欲不振的人。

禁忌人群：体热型的人慎用。

调养脏腑这样做

平时多吃带鱼、羊肉、虾米、核桃、山药、板栗、姜等蛋白质、脂肪和热量较高的食物，可以有效缓解脾胃虚寒、消化不良等症状，有开胃健脾、御寒祛湿、增加细胞活性和疏经活血的功效。此外，适当饮用纯牛奶、啤酒、海参汤等饮品，也可以达到暖胃驱寒的目的。除此之外，经常用热水泡脚和参加体育锻炼，如跑步、跳绳、打球、游泳等，也可以帮助驱除体内的寒气、起到暖胃、强身的功效。

附录 女性养生常见花草、药材、水果

花草类

玫瑰花

【花语】热情，典雅，爱与美的激情。

【性味归经】甘、微苦，温。归肝、脾经。

【主要功效】玫瑰花药性非常温和，能温养心肝血脉，理气解郁，起到镇静、安抚、抗抑郁的功效。其富含丰富的维生素A、B族维生素、维生素C、维生素E、维生素K及单宁酸，能调节内分泌，消除疲劳，促进伤口愈合。常喝玫瑰花茶，能调理女性生理病痛，促进血液循环，美容，调经，利尿，缓和肠胃神经，预防皱纹，抗衰老，是女性美容养颜的花草茶饮圣品。

【选购】优质玫瑰花茶花瓣完整，无碎末和杂质；茶汤颜色比绿茶汤色略深，偏土黄或淡红色。

茉莉花

【花语】忠贞、尊敬、清纯、质朴、迷人。

【性味归经】性温，味辛、甘，入肝、脾、胃经。

【主要功效】茉莉花茶内含有多种营养成分，主要成分为苯甲醛、脂类、茉莉花素、芳樟醇、安息香酸、芳樟醇酯等。花瓣中含有的挥发油性物质有行气止痛、缓解胸腹胀痛的作用。此外，茉莉花还对多种细菌有抑制作用，可治疗皮肤溃烂、目赤等病。取适量茉莉花煎水熏洗，配金银花9克，菊花6克，对治疗目赤肿痛与迎风流泪十分有效。常饮茉莉花茶可以清肺明目、祛痰治痢、坚齿、益气抗衰老。

【选购】外形紧实、干净，花香较浓，滋味纯正，闻起来没有烟焦味或其他异味的最佳。

桃花

【花语】爱情的俘虏。

【性味归经】性味苦、平，入心、肝、大肠经。

【主要功效】桃花中含有的山柰酚、豆精、维生素A、B族维生素、维生素C等营养成分对疏通脉络、滋润肌肤、改善血液循环非常有效。桃花中富含的氨基酸和植物蛋白质很容易被皮肤吸收，肌肤干燥、粗糙，出现皱纹的女性可以将其捣碎敷在面部，既可以美白祛斑，还可以使面色红润，宛如桃花。将桃花与蜂蜜混合，用沸水冲泡饮用，可以活血、通便，治疗水肿和痰饮积滞等。

【选购】优质桃花的外形比较饱满、色泽均匀，颜色鲜艳，闻起来有淡淡的花香，味道过浓或有异味的桃花很可能是添加了某些化学成分，所以选购时一定要慎重。

薰衣草

【花语】等待爱情；只要用力呼吸，就能看到奇迹。

【性味归经】味微苦、性温，入肺、心、胃经。

【主要功效】薰衣草中含有68种化合物，营养十分丰富，包括香树烯、蒲勒酮、月桂烯醇等。经常饮用薰衣草茶可以安抚紧张情绪、减轻疲劳、缓解头痛、安神养脑、帮助睡眠。薰衣草中含有的一些化合物质还可以促进细胞再生、平衡油脂分泌，有益于改善烫伤、湿疹、脓疱疮等。

【选购】全世界的薰衣草有28种之多，比较常见的薰衣草是蓝紫色的，此外还有白色、粉红色、蓝色。优质的薰衣草花是头道花、香气浓郁，劣质的是尾花、香气较淡。

百合花

【花语】象征着纯洁、祝福、事业顺利，具有百年好合之意。

【性味归经】性微寒，味甘，归心、肺经。

【主要功效】百合花中含有钙、磷、铁、维生素B_1、维生素B_2、维生素C、胡萝卜素等营养成分，还有很多对人体有良好滋补作用的生物碱，对身体虚弱，有慢性支气管炎、结核病的患者有很大帮助，还有一定的抗癌作用。经常饮用百合花茶饮可以润肺、清火，对有眩晕、咳嗽、失眠等症状的人十分有益。

【选购】优质的百合花茶较重，但没有梗子或碎末，色泽鲜亮均匀，黄暗色的多为陈茶，不宜选取。

桂花

【花语】寓意吸入你的气息，永伴佳人。

【性味归经】性温，味辛，归肺、大肠经。

【主要功效】桂花性温味辛，含有13.178%的氨基酸、优质蛋白质和钾、锌等丰富的营养元素，在散痰、健胃、平肝、生津等方面疗效显著。食欲不振、闭经腹痛、经常牙痛口臭、咳嗽多痰的人可以适量饮用。此外，老年人饮用桂花茶可以治疗肾亏、小便不利，尿频、尿痛，是保健养生的绝佳饮品。

【选购】新鲜的桂花茶的色泽鲜艳、花片完整、略带清香，较为干燥，而颜色暗黄或分辨不出颜色的桂花最好不要购买。

菊花

【花语】代表高洁、真情、我爱你。

【性味归经】性寒，味辛、甘、苦，归肺、肝经。

【主要功效】菊花中含有的木樨草素可以消炎、抗过敏、抗菌、抗病毒，对止咳祛痰，治疗心血管病、肝炎有很好的疗效。而其在镇静、安神、降压、抑制致癌物质的产生等方面起到的作用主要缘于内部含有的芹菜素。菊花中的刺槐素、香叶木素在抗感染和抗氧化方面也有显著效果。

【选购】市场上比较常见的菊花有黄山贡菊和杭白菊。好的贡菊要花朵大、洁白、花瓣肥厚而紧密；优质的杭白菊花形完整、大小均匀，泡出的茶颜色澄清、浅黄且鲜亮，味道甘醇微苦。

金盏花

【花语】悲伤、嫉妒、离别。

【性味归经】性味淡平，入心、肺经。

【主要功效】金盏花的花瓣含有胡萝卜素、蝴蝶梅黄素、挥发油、苹果酸等多种营养物质，可以滋养肌肤、紧致细纹，是女性养颜护肤的最佳饮品。金盏花性味淡平，可以起到止血、凉血的作用，对治疗胃寒、胃痛、肠风便血以及各种炎症、溃疡有很好的疗效。金盏花的茶味芳香，内部富含的维生素和磷具有退热、止吐的功能。

【选购】优质的金盏花花瓣如小太阳一般，冲泡后茶汤为黄色如橙黄色的阳光。

金银花

【花语】象征着厚道、真爱，寓意爱的牵绊、爱的奉献。

【性味归经】性寒，味甘，归肺、心、胃、大肠经。

【主要功效】金银花中含有人体必需的多种微量元素及化学物质，具有消炎、解毒、杀菌、利尿、止痒的作用。它在治疗因热伤风引起的发热、咽喉肿痛、浑身乏力方面也有极佳的疗效。金银花的清热解毒功效甚强，既可以清气分热，又能够清血分热，是治疗流感、牙周炎、急慢性扁桃体炎的最好药材。

【选购】优质的金银花花朵完整、色泽新鲜自然，选购时宜选取那些密封包装或加有干燥剂的产品。

洋甘菊

【花语】象征着苦难中的力量、不输给逆境的坚强、亲密的交往。

【性味归经】性寒，味甘苦，归肝、肺经。

【主要功效】洋甘菊性寒，味微苦、甘香，可以退肝火、明目、降低血压和胆固醇，还可以止咳、祛痰，缓解支气管气喘、头痛等病症。感冒时饮用洋甘菊茶可以减轻肌肉酸痛、镇定精神、帮助睡眠。此外，对治疗因情绪紧张和过度焦虑引起的消化不良、长期便秘、月经疼痛非常有效。而且，长期饮用适量的洋甘菊茶可以帮助消除黑眼圈、缓解眼部疲劳，使肌肤更加润滑、细致。

【选购】优质的洋甘菊花朵为完整的长圆形或倒卵形，花瓣为白色、中心为淡黄色。

勿忘我

【花语】永恒的爱，浓情厚谊，永不变的心，永恒的回忆。

【性味归经】性寒，味甘，归肝、脾、肾经。

【主要功效】勿忘我花中含有丰富的维生素C，对淡化色斑、减缓皱纹产生效果十分明显。饮用勿忘我花草茶时，加入适量的蜂蜜或冰糖，可以起到清热解毒、清肝明目、促进新陈代谢、提高免疫力的功效。此外，它还可以有效地消除雀斑和粉刺，美白肌肤，有效调节女性的生理问题，是女性优选的健康茶品。

【选购】优质的勿忘我花朵色泽鲜艳，为淡紫色，无味，有五朵完整的小花瓣。

药材类

红花

【性味归经】性温，味辛，归心、肝经。

【主要功效】红花中含有丰富的化合物，包括红花多糖、棕榈酸、肉桂酸、红花醌苷等，具有消炎止痛、活血通经的功效，对治疗女性痛经、闭经和跌打肿痛非常有效。红花与桃仁相配，不仅润肠通便效果显著，而且可以增强活血化瘀的功能，但要适度饮用。

【选购】优质的红花质地柔软、有奇异的芳香，用水冲泡后，水会变成金黄色，但花瓣不褪色，味道略苦。

川芎

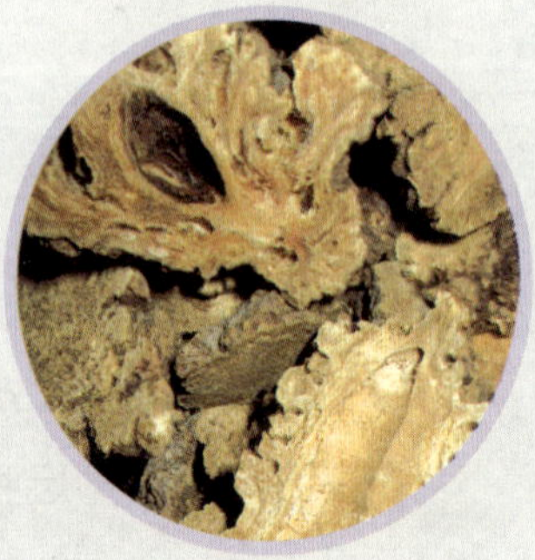

【性味归经】性温、味辛、归肝、胆、心经。

【主要功效】川芎中含有棕榈酸、香草醛、盐酸三甲胺、川芎嗪等数十种化学成分，其中川芎嗪可以扩张冠状动脉，改善心肌的血氧供应，对预防血栓十分有效。川芎辛散温通，常与桂枝、檀香等同用，治疗胸痹心痛、心脉瘀阻；配白芍、柴胡，主治肝郁气滞引发的肋骨酸痛。由于川芎性温，可以活血顺气，是妇科常用药品，但身体有出血现象、经期或孕期妇女禁用。

【选购】优质的川芎为淡黄棕色，淀粉粒较多。

益母草

【性味归经】性微寒，味辛、苦，归心、肝、膀胱经。

【主要功效】益母草性微寒味甘，含有糖类、蛋白质等多种营养成分，可以通经活血，对治疗女性月经不调、产后晕血、瘀血腹痛等效果显著。益母草的主要功用是兴奋子宫、抗血小板聚集、抗血栓、降血压、抗菌，可以治疗多种妇科疾病，通常情况下，男性不宜使用。

【选购】正常的益母草茶是没有光泽的，值得注意的是，劣质的益母草闻起来有清香，但遇热水冲泡后，香气就会溢尽，而优质的益母草冲泡后，香气会更加浓郁。

柠檬草

【性味归经】性寒，味甘，归肺、胃经。

【主要功效】柠檬草中含有丰富的维生素C，可以调节油脂的分泌，滋润肌肤，非常适合油性肤质和发质的人饮用，可以帮助女性美容养颜。柠檬草还可以有效治疗感冒、胃痛、胃胀、头痛、发热、疱疹、急性肠炎和慢性腹泻。

【选购】柠檬草的叶子有很浓的柠檬味，花朵为灰色的圆锥形，劣质的柠檬草味道较淡。

薄荷

【性味归经】性寒，味辛、凉，归脾、胃、大肠经。

【主要功效】薄荷中含有丰富挥发油，油中的主要成分为薄荷醇、薄荷脑、薄荷酮、柠檬烯等，辛以发散、凉以清热，用于治疗热感冒和温病初起非常有效。而薄荷叶中含有的8种茶萘酚酸，抗炎、杀菌效果显著。此外，薄荷能增加呼吸道黏液的分泌，有效缓解泡沫痰，使人呼吸顺畅。头痛、牙痛、关节痛、咽痛、胃溃疡的患者也可以饮用薄荷茶，效果非常明显。

【选购】优质的薄荷色泽鲜亮，有淡淡的清香，用水冲泡后味道微苦，凉凉的。

迷迭香

【性味归经】性温，味辛，归肺、胃、脾经。

【主要功效】迷迭香中含有的鼠尾草酸、鼠尾草酚、迷迭香酚和熊果酸等成分具有抗氧化作用。食用迷迭香可以消除胃胀气，减轻头痛、腹胀，还可以安神醒脑、增强记忆力，减肥瘦身。学生可以经常饮用迷迭香茶，它的香味可以令人大脑保持清醒，增强脑部功能，提高注意力，改善视觉、听力、语言方面的障碍。此外，迷迭香可以收缩毛孔，使肌肤更加紧致、有弹力，是女性美容护肤的最佳选择。

【选购】优质的迷迭香叶子细长，闻起来有淡淡的清香味。

荷叶

【性味归经】性微寒，味苦，归肝、脾、胃经。

【主要功效】荷叶中含有荷叶碱、草酸、苹果酸、葡萄糖酸等多种化学成分，可以用于缓解暑热烦渴、脾虚泄泻、平肝火、降肺火、清心火。经常饮用荷叶茶可以润肠通便、排毒养颜、减肥瘦身。荷叶碱中含有化解脂肪的生物碱，既可以分解体内脂肪，可以防止脂肪吸收，具有较强的减肥功效。

【选购】优质的荷叶茶闻起来会有清新的芳香，没有其他异味，热水冲泡后味道微苦。

马鞭草

【性味归经】性寒，味苦，归肝、脾经。

【主要功效】马鞭草中含有的β-谷甾醇和马鞭草苷具有止咳化痰的功效，还可治疗感冒发热、咽喉肿痛、痛经、牙龈肿痛。此外，马鞭草清热解毒、活血散瘀，还可治疗外感发热、水肿、疟疾、淋病、湿热黄疸、小便不利、跌打损伤、血瘀经闭、痢疾等病症。

【选购】优质的马鞭草叶片为卵圆形或倒卵形，淡紫色的小花朵密集分布，香气清新，味道独特。

车前草

【性味归经】性寒，味甘，归肾、肝、肺、小肠经。

【主要功效】车前草可以增加气管的分泌物，抑制呼吸中枢，使呼吸加深变慢，所以祛痰、止咳、平喘的效果明显。从车前草中分离出来的车前果胶对治疗胃溃疡，刺激胃液的分泌非常有益。车前草中含有的丰富化学成分还可以治疗小便不利、淋浊带下、痰热咳喘、水肿胀满等疾病。

【选购】优质的车前草叶片平滑，呈广卵形，有光泽，包装内无碎末和异味。

当归

【性味归经】性温，味甘、辛，归肝、心、脾经。

【主要功效】当归中含有的挥发油、乙酸、叶酸、磷脂酸、镰叶芹酮等可以使大脑保持镇静，有消炎、镇痛的作用。其中富含的水提取物可以保肝，提高免疫力。此外，当归还可以活血止痛、润肠通便、补血通经，适用于月经不调、痛经、面色萎黄、风湿痹痛、血虚眩晕、虚汗腹痛的人群。

【选购】优质的当归断面为黄白色或淡黄色，质柔韧，有浓郁的香气。

玉蝴蝶

【性味归经】性寒，味苦，归肺、肝经。

【主要功效】玉蝴蝶可以治疗肝、肺、胃三条经脉上的病症，多用于风热咳嗽、肝胃气痛、声音嘶哑等病症，可以润肺、疏肝、养胃。此外，经常饮用玉蝴蝶茶还可以美白肌肤、促进新陈代谢、延缓细胞衰老、降压减肥、滋养容颜、强心补肾、提高免疫力和防癌、排毒，是女性首选的养颜美容饮品。

【选购】优质的玉蝴蝶纯绿无光，有绿茶的清香又有鲜花的芬芳，冲泡后茶汤色泽黄亮。

桑叶

【性味归经】性寒，味苦、甘，归肺、肝经。

【主要功效】桑叶中含有人体所需的多种维生素、矿物质、氨基酸、碳水化合物和植物纤维，在降脂、降压、抗衰老和增强免疫力方面效果显著。桑叶用于食用还可以有效抑制脂肪堆积、血栓形成、肠道细菌繁殖，尤其可以预防糖尿病。此外，它在止咳、祛痰、清血、补肝、祛斑、消除眼部疲劳、消肿、治疗疟疾等方面也有很好的效果。

【选购】优质的桑叶叶片完整，呈卵形或宽卵形，边缘有锯齿，新鲜的桑叶为暗绿色，气味较淡，冲泡后有轻微的苦涩。

紫苏叶

【性味归经】性温，味辛，归肺、脾经。

【主要功效】紫苏叶中含有枯酸、精氨酸、紫苏醛、薄荷醇、紫苏醇等多种化学成分，对治疗风寒感冒引起的发热、头痛、鼻塞、咳嗽、胸闷非常有效。紫苏叶与生姜同用可以开宣肺气，驱寒发热，理气发表。此外，女性在妊娠期间有呕吐不止、胸腹满闷的症状时，可以适当食用紫苏叶，其不仅止吐效果明显，而且有安胎的作用。

【选购】优质的紫苏叶叶片展开后呈卵圆形，少破碎，气味清香，冲泡后味道微辛。

绞股蓝

【性味归经】性寒，味苦，归脾、肾、肺经。

【主要功效】绞股蓝中含有大量的蛋白质、脂肪、膳食纤维、胡萝卜素、钙、铁、磷等，可以帮助提高大脑功能，改善大脑活动，降血糖、降血脂、降血压。而绞股蓝中富含的多糖类、黄酮类、微量元素对营养人体细胞，促进新陈代谢，解毒消炎，缓解失眠、慢性呼吸道炎症、便秘等效果显著。它是脂肪肝、高脂血症、肥胖症患者保健的最佳选择。

【选购】优质的绞股蓝有一股山野的清香，自然清新，冲泡后汤色嫩绿，清澈透明。

鱼腥草

【性味归经】性寒，味辛，归肺经。

【主要功效】鱼腥草中含有抗病原微生物元素，在抑制流感杆菌、金黄色葡萄球菌、肺炎双球菌方面效果显著。适当地食用鱼腥草可以扩张毛细血管，增加肾血流量和尿液分泌，对治疗尿路感染引发的尿频、尿痛有很好的疗效。将鱼腥草与鸡肉相配，可以为人体提供丰富的蛋白质、碳水化合物等营养物质，增强人体免疫力，是保健养生的绝佳食材。

【选购】鱼腥草的茎为扁圆柱形，呈暗黄色，搓破后有鱼腥味，品尝时味道微涩。

黑芝麻

【性味归经】性平，味甘，归肺、脾、肝、肾经。

【主要功效】黑芝麻中含有大量的蛋白质、脂肪、丰富的糖类、维生素A、维生素E、钙、铁等营养成分。经常食用可以补肝养肾、益气力，对治疗肠燥便秘、痔疮、产妇乳少等十分有效。此外，黑芝麻具有健脑益智、乌发皓齿、益寿延年的功效，一般人均可食用，是日常保健的佳品。

【选购】优质的黑芝麻颗粒饱满硕大，颜色乌黑透亮，有光泽。

水果类

梨

【性味归经】性凉，味甘、微酸，归肝、心经。

【主要功效】梨中含有丰富的鞣酸和配糖体，食用后有祛痰止咳、养咽护喉的功效。而梨肉中所含的多糖类和多种维生素很容易被人体吸收，可以帮助消化，肠胃不好、经常性消化不良的人食之可增进食欲，保护肝脏。经常食梨在改善头晕症状、降压、清热镇静、防止动脉粥样硬化、抑制致癌物质的吸收方面也有一定的效果。此外，梨还有润燥、生津、解渴、解酒、化痰、治咳喘的功效。

【选购】新鲜优质的梨皮薄、果肉饱满，梨汁较多，味道甘甜。

甘蔗

【性味归经】性平，味甘，归脾、大肠经。

【主要功效】甘蔗中含有丰富的水分和蔗糖、葡萄糖、果糖、蛋白质、钙、磷、维生素B_1、维生素B_2、维生素B_6等，入肺、胃经后，有清热、下气、润燥的功效，是补肺益胃、通便解结、止咳平喘的“良药”。此外，甘蔗对化解胃热呕吐、消化不良、肠燥便秘等症状有十分显著的效果。

【选购】优质的甘蔗有光泽，削皮后多为乳白色，多汁、味道甘甜。

柠檬

【性味归经】性微寒，味甘、酸，归胃、肺经。

【主要功效】柠檬中含有极其丰富的维生素C，可以起到抗菌、提高人体免疫力的作用，感冒时多饮用柠檬水可以有效缓解流鼻涕、痰多、喉咙肿痛等病症。柠檬中富含的柠檬酸盐可以有效抑制钙盐结晶，预防肾结石的形成，甚至使部分患者的慢性结石逐渐消减。

【选购】柠檬呈淡黄色的营养丰富且甘甜，而黄白色的味道较酸，瓤的颜色较深的冲泡时间应久一些。

桂圆

【性味归经】性温，味甘，归脾、心经。

【主要功效】桂圆中含有丰富的葡萄糖、蔗糖、维生素A、B族维生素、蛋白质和脂肪等人体所需的营养物质，十分适宜体虚贫血者、年老体弱者及产后妇女食用。此外，桂圆中富含的多种矿物质对气血不足、心脾虚弱所致的晕眩、失眠、健忘、惊悸非常有效。桂圆肉中富含的蛋白质、铁在补充营养、提高热量的同时，还可以促进人体血红蛋白的再生，起到降脂护心、消除疲劳、增强大脑记忆力、延缓衰老的功效。

【选购】成熟又新鲜的桂圆果皮较粗糙，呈淡棕色，果肉饱满、白皙，味道甘甜、汁水较多。

葡萄

【性味归经】性平，味甘、酸，归肝、胃经。

【主要功效】葡萄中含有的丰富葡萄糖和果糖在进入人体后会迅速转化成能量，对缓解肌肉疲劳非常有效。而葡萄中含有的天然聚合苯酚可以将病毒或细菌中的蛋白质化合，使之失去传染的能力。此外，葡萄皮中含有的白藜芦醇具有消炎、杀菌的作用，多食葡萄不仅可以改善过敏症状，还可以预防正常细胞癌变和抑制恶性细胞扩散，起到防癌抗癌的作用。此外，葡萄还具有调理肠胃、促进消化、对抗大肠杆菌、枯草杆菌、绿脓杆菌的作用，其中含有的维生素P对治疗胃炎、肠炎非常有效。

【选购】优质的葡萄颗粒饱满，皮薄、味道鲜美，汁水较多。

圣女果

【性味归经】性甘，酸、微寒，归胃、肺经。

【主要功效】圣女果既是蔬菜又是水果，其含有谷胱甘肽和番茄红素等特殊物质，可促进人体生长发育，增强机体抵抗力，延缓衰老。另外，其所含的番茄红素能保护人体不受香烟、汽车废气中致癌毒素的侵害，并有防晒功能。圣女果中的维生素PP含量居果蔬之首，有保护皮肤、维护胃液正常分泌的作用，对肝病也有辅助治疗作用。

【选购】真正甜爽的圣女果呈深红色，皮薄，硬度越硬越好，色泽饱满也是新鲜的表现。

木瓜

【性味归经】性温，味酸，归肝、脾经。

【主要功效】木瓜中含有近20种氨基酸、钙、铁、木瓜蛋白酶等营养物质，半个木瓜即可提供人体整天所需的维生素C。木瓜中含有的木瓜蛋白酶可以快速将体内的脂肪分解成脂肪酸，有减肥瘦身的功效。而木瓜中的番木瓜碱既可以抗结核杆菌，又可以抑制蛔虫、鞭虫、阿米巴原虫等寄生虫的滋生。木瓜肉中含有的凝乳酶可以起到丰胸、美白的效果，是女性养颜护肤，塑造完美曲线的佳品。

【选购】新鲜的木瓜表皮为鲜艳的橘黄色，无腐烂或虫咬，切开后种子为黑色，果肉丰满，味道鲜美。

草莓

【性味归经】性凉，味甘、酸，归肺、脾经。

【主要功效】草莓中富含的胡萝卜素是合成维生素A的主要成分，经常食用有明目养肝的功效。而草莓中含有的天冬氨酸可以将隐藏在人体内的重金属自然分解，而其中含有的鞣酸可以吸附或抑制致癌物质，起到预防癌症的作用。草莓的香味浓郁，营养丰富，可预防坏血病、动脉硬化，且适宜肠胃不好的人、贫血、冠心病患者食用。

【选购】优质草莓的颜色比较鲜艳，果肉饱满，味道酸甜适口。

柑橘

【性味归经】性凉，味甘、酸，归脾、胃经。

【主要功效】柑橘中富含的B族维生素、维生素C、钾及多种抗氧化成分、抗过敏成分，对预防癌症和缓解过敏症状效果明显。其中含有的丰富类黄酮、类胡萝卜素等化合物很容易被人体吸收，起到开胃理气、润肠通便、清肺止咳的作用，还可有效预防高血压、脑出血。

【选购】新鲜的柑橘颜色鲜艳，皮薄且果肉饱满，味道甘甜、微酸。

芒果

【性味归经】性凉，味甘、酸，归肺、脾、胃经。

【主要功效】芒果中含有的异芒果醇酸、芒果酮酸等多酚类化合物，抗癌的药理作用十分显著；而芒果汁可以促进肠胃蠕动，使粪便在肠道内停留的时间缩短，对预防结肠癌大有裨益。芒果中含有大量维生素，经常食用可以补充人体流失的维生素A和维生素C，降低胆固醇、甘油三酯，有效防止心血管疾病的发生。

【选购】优质的芒果果皮颜色较深，皮质细腻，表皮略有褶皱的味道会更加鲜美。